国家级职业教育规划教材
对接世界技能大赛技术标准创新系列教材
技工院校一体化课程教学改革建筑施工专业教材

张国华　主编

模板制作与安装

人力资源社会保障部教材办公室　组织编写

中国劳动社会保障出版社

worldskills
China

图书在版编目（CIP）数据

模板制作与安装 / 张国华主编 .-- 北京：中国劳动社会保障出版社，2022

对接世界技能大赛技术标准创新系列教材　技工院校一体化课程教学改革建筑施工专业教材

ISBN 978-7-5167-5256-2

Ⅰ. ①模…　Ⅱ. ①张…　Ⅲ. ①模板 – 建筑工程 – 工程施工 – 技工学校 – 教材　Ⅳ. ①TU755.2

中国版本图书馆 CIP 数据核字（2022）第 059113 号

中国劳动社会保障出版社出版发行

（北京市惠新东街 1 号　邮政编码：100029）

*

北京市艺辉印刷有限公司印刷装订　新华书店经销

787 毫米 ×1092 毫米　16 开本　15.25 印张　244 千字

2022 年 6 月第 1 版　2022 年 6 月第 1 次印刷

定价：35.00 元

读者服务部电话：（010）64929211/84209101/64921644

营销中心电话：（010）64962347

出版社网址：http：//www.class.com.cn

http：//jg.class.com.cn

对接世界技能大赛技术标准创新系列教材

建筑施工专业课程改革工作小组

课 改 校：浙江建设技师学院
　　　　　厦门技师学院
　　　　　镇江技师学院
　　　　　江苏省徐州技师学院
　　　　　德州市技师学院
　　　　　山东省城市服务技师学院
　　　　　广东省城市建设技师学院
　　　　　重庆建筑高级技工学校

技术指导：雷定鸣

编　　辑：谢　亮

本书编审人员

主　编：张国华

副主编：骆圣明　古娟妮

参　编：倪峻坡　王龙洋　林育林　郝　艳　张海霞　骆圣明

序

世界技能大赛由世界技能组织每两年举办一届，是迄今全球地位最高、规模最大、影响力最广的职业技能竞赛，被誉为“世界技能奥林匹克”。我国于2010年加入世界技能组织，先后参加了五届世界技能大赛，累计取得36金、29银、20铜和58个优胜奖的优异成绩。第46届世界技能大赛将在我国上海举办。2019年9月，习近平总书记对我国选手在第45届世界技能大赛上取得佳绩作出重要指示，并强调，劳动者素质对一个国家、一个民族发展至关重要。技术工人队伍是支撑中国制造、中国创造的重要基础，对推动经济高质量发展具有重要作用。要健全技能人才培养、使用、评价、激励制度，大力发展技工教育，大规模开展职业技能培训，加快培养大批高素质劳动者和技术技能人才。要在全社会弘扬精益求精的工匠精神，激励广大青年走技能成才、技能报国之路。

为充分借鉴世界技能大赛先进理念、技术标准和评价体系，突出“高、精、尖、缺”导向，促进技工教育与世界先进标准接轨，完善我国技能人才培养模式，全面提升技能人才培养质量，人力资源社会保障部于2019年4月启动了世界技能大赛成果转化工作。根据成果转化工作方案，成立了由世界技能大赛中国集训基地、一体化课改学校，以及竞赛项目中国技术指导专家、企业专家、出版集团资深编辑组成的对接世界技能大赛技术标准深化专业课程改革工作小组，按照创新开发新专业、升级改造传统专业、深化一体化专业课程改革三种对接转化原则，以专业培养目标对接职业描述、专业课程对接世界技能标准、课程考核与评价对接评分方案等多种操作模式和路径，同时融入健康与安全、绿色与环保及可持续发展理念，开发与世界技能大赛项目对接的专业人才培养方案、教材及配套教学资源。首批对接 19 个世界技能大赛项目共 12 个专业的成果将于 2020—2021 年陆续出版，主要用于技工院校日常专业教学工作中，充分发挥世界技能大赛成果转化对技工院校技能人才的引领示范作用。在总结经验及调研的基础上选择新的对接项目，陆续启动第二批等世界技能大赛成果转化工作。

希望全国技工院校将对接世界技能大赛技术标准创新系列教材，作为深化专业课程建设、创新人才培养模式、提高人才培养质量的重要抓手，进一步推动教学改革，坚持高端引领，促进内涵发展，提升办学质量，为加快培养高水平的技能人才作出新的更大贡献！

2020 年 11 月

简介

本书为对接世界技能大赛技术标准创新系列教材 / 技工院校一体化课程教学改革建筑施工专业教材，依据《建筑施工专业国家技能人才培养标准及一体化课程规范》编写，按照《建筑施工专业国家技能人才培养标准及一体化课程规范》的课程、参考性学习任务、教学内容设计教材内容，并充分借鉴世界技能大赛瓷砖贴面、砌筑、混凝土建筑等项目的先进技能理念、技能标准、评价体系，优化了教学内容。本书内容包括基础模板制作与安装、墙模板制作与安装、板模板制作与安装、梁模板制作与安装、柱模板制作与安装、楼梯模板制作与安装等，与世界技能大赛项目结合紧密。

目 录

学习任务一 基础模板制作与安装

学习任务二 墙模板制作与安装

学习任务三 板模板制作与安装

学习任务一
基础模板制作与安装

学习目标

1. 能明确任务要求，填写基础模板制作与安装任务单。

2. 了解基础模板的分类，能分析基础模板各部分的组成及作用。

3. 能识读常见模板翻样图，根据项目中基础的尺寸、形状，选用模板及计算对应的材料用量。

4. 掌握工器具的正确使用方法，能正确选取工具和设备。

5. 能利用学习资料，与小组成员合作制作“基础模板制作与安装技术交底记录表”。

6. 通过查阅资料，明确基础模板的施工工艺流程，能制订并展示基础模板制作与安装施工工作计划，能制定本任务的施工方案。

7. 熟悉模板下料、拼装、加固、拆模等的施工，能进行测量定位、模板拼装，完成基础模板制作、安装和拆除，进行质量检测并记录。

8. 能以小组为单位，自检、互检、专检材料、工具、计划并审定基础模板施工方案，确定可实施的方案。

9. 能对常见模板施工进行质量检查，并完成交付验收工作。

10. 能按照施工规范和施工现场“7S”管理标准，在作业完毕后清点、整理工具，收集剩余材料，归置物品，清理工程垃圾，拆除防护设施。

11. 能对照世赛标准，检查记录与图纸原始数据之间的误差，分析原因并形成记录，提出整改措施。

建议学时

30 学时。

工作流程与活动

学习活动 1　获取基础模板制作与安装信息（4 学时）

学习活动 2　制定基础模板制作与安装方案（6 学时）

学习活动 3　审定基础模板制作与安装方案（6 学时）

学习活动 4　实施基础模板制作与安装方案（6 学时）

学习活动 5　基础模板制作与安装质量检查（6 学时）

学习活动 6　基础模板制作与安装总结（2 学时）

工作情景描述

某样板房项目将进行独立基础施工，现需要模板工根据基础模板施工图加工基础模板。

施工人员从工程项目部领取基础结构施工图和任务书，通过阅读任务书，了解任务要求，明确施工流程、内容和规范，根据基础模板施工图纸明确基础模板信息（长度、宽度、高度、模板类型，以及如何下料、拼装及加固等）、精度等要求，制定基础模板施工方案；查看施工现场，明确施工场地条件，根据施工图确定所需材料，准备所需切割机和其他设备，进行基础模板翻样、下料、拼装、加固，并进行自检和互检，形成记录，向工程项目部反馈并存档，最后将所有技术文档上交项目经理。

学习活动 1 获取基础模板制作与安装信息

学习目标

1. 能读懂模板施工图，明确任务要求，填写基础模板施工工作单。

2. 能查阅并复述《建筑工程施工质量验收统一标准》（GB 50300—2013）、《混凝土结构工程施工质量验收规范》（GB 50204—2015）、《世界技能标准规范》（WSSS）等相关标准和图集中模板的施工质量要求。

建议学时

4 学时。

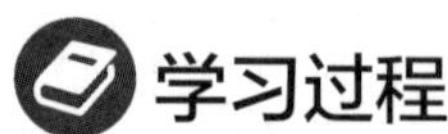

学习过程

一、填写工作单

1. 独立阅读工作情景描述，用荧光笔在任务书中画出关键词，并将关键词摘录至下，其中需要进一步了解的词用星号标注出来。

____

____

____

____

2. 查阅相关资料，根据实际情况填写表 1-1-1 所列工作单。

表 1-1-1 基础模板制作与安装施工工作单

<table>
<tr><td>任务名称</td><td colspan="3"></td><td>接单日期</td><td></td></tr>
<tr><td>工作地点</td><td colspan="3"></td><td>任务周期</td><td></td></tr>
<tr><td>工作内容</td><td colspan="5"></td></tr>
<tr><td>提供工具、材料</td><td colspan="5"></td></tr>
<tr><td>施工项目</td><td colspan="5"></td></tr>
<tr><td>项目负责人姓名</td><td></td><td>联系电话</td><td></td><td>验收日期</td><td></td></tr>
<tr><td>团队负责人姓名</td><td></td><td>联系电话</td><td></td><td>团队名称</td><td></td></tr>
<tr><td>备注</td><td colspan="5"></td></tr>
</table>

二、查阅资料，明确任务

小组合作，查阅资料，阅读结构施工图图纸（综合实训场馆项目结构设计说明、基础结构平面布置施工图和相关详图），明确任务相关信息，分析基础模板的组成。

1. 查资料，阅读图纸，回答下面与基础模板有关的问题。

（1）基础模板有哪些分类？

____

____

____

（2）各类独立基础模板有何优缺点？

____

____

____

（3）图纸中，锥形独立基础所在轴线位置为（　　　　），基础的高度为（　　　）mm，基础的宽度为（　　　）mm，基础的混凝土强度等级为（　　　），混凝土保护层为（　　　）mm。

（4）简述基础内的钢筋布置情况。

____

____

____

____

____

____

2. 在教师的带领下，走进建筑实体模型室和 VR 实训室，感受基础模板构造体系，同时查阅相关图纸并阅读基础模板示意图（见图 1-1-1），根据任务要求填写基础模板的组成及作用（见表 1-1-2）。

表 1-1-2　基础模板的组成及作用

编号	构造名称	作用
1	侧模板	
2	底模板	
3	立柱（桁架支撑）	

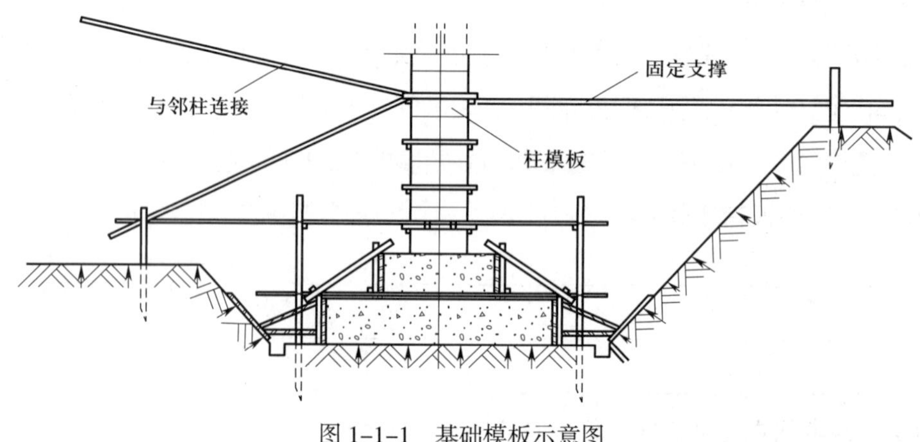

图 1-1-1　基础模板示意图

小词典

模板的分类

模板通常按以下方式分类。

1. 按所用材料不同可分为木模板、钢模板、塑料模板、玻璃钢模板、竹胶板模板、装饰混凝土模板、预应力混凝土薄板等。

2. 按模板的形式及施工工艺不同可分为组合式模板（如木模板、组合钢模板）、工具模板（如大模板、滑模、爬模等）和永久性模板。

3. 按模板规格不同可分为定型模板（即定型组合模板，如小钢模）和非定型模板（散装模板）。

4. 按结构构件的类型不同可分为基础模板、柱模板、墙模板、楼板模板、壳模板和筒体模板等。

5. 按模板支架使用的材料不同可分为木支架、扣件式钢管支架、碗扣式钢管支架、框式（门式）钢管支架、格构式型钢支架等。

三、查阅资料，完成相关知识

查阅资料，根据基础模板结构施工图纸内容和标准、规范等，完成以下任务。

1. 在模板工程的质量检验中，查阅《建筑工程施工质量验收统一标准》（GB 50300—2013）、《混凝土结构工程施工质量验收规范》（GB 50204—2015）、《世界技能标准规范》（WSSS）等相关标准，在表 1-1-3 中填写每个检验项目的质量标准、抽检数量和检验方法。

表 1-1-3　模板制作质量检验项目

项目名称	质量标准	抽检数量	检验方法
平面尺寸			
模板支撑、立柱位置和垫板			
对角线长			
板面平整度			
模板边平直			
允许偏差			

2. 在表 1-1-4 中填写模板加工的允许偏差。

表 1-1-4　模板加工允许偏差表

<table>
<tr><th colspan="2">项目</th><th>允许偏差值</th><th>检验方法</th><th>检查数量</th></tr>
<tr><td colspan="2">轴线位移</td><td></td><td></td><td></td></tr>
<tr><td colspan="2">基础顶面标高</td><td></td><td></td><td></td></tr>
<tr><td colspan="2">截面模内尺寸</td><td></td><td></td><td></td></tr>
<tr><td colspan="2">相邻两板表面高低差</td><td></td><td></td><td></td></tr>
<tr><td colspan="2">表面平整度</td><td></td><td></td><td></td></tr>
<tr><td colspan="2">预埋铁件中心线位移</td><td></td><td></td><td></td></tr>
<tr><td rowspan="2">预埋管、螺栓</td><td>中心线位移</td><td></td><td rowspan="2"></td><td rowspan="2"></td></tr>
<tr><td>螺栓外露长度</td><td></td></tr>
</table>

续表

项目		允许偏差值	检验方法	检查数量
预留孔洞	中心线位移			
	尺寸			
插筋	中心线位移			
	外露长度			

小词典

连接件与基础模板

1. 连接件

定型组合钢模板的连接件包括U形卡、L形插销、钩头螺栓、紧固螺栓、对拉螺栓和扣件等。

（1）U形卡是模板的主要连接件，用于相邻模板的拼装。

（2）L形插销用于插入两块模板纵向连接处的插销孔内，以增强模板纵向接头处的刚度。

（3）钩头螺栓是连接模板与支撑系统的连接件。

（4）紧固螺栓是用于内、外钢楞之间的连接件。

（5）对拉螺栓又称穿墙螺栓，用于连接墙壁两侧模板，保持墙壁厚度，承受混凝土侧压力及水平荷载，使模板不致变形。

（6）扣件用于钢楞之间或钢楞与模板之间的扣紧，按钢楞的不同形状分别采用蝶形扣件和“3”形扣件。

2. 基础模板

（1）在支柱上定标高时预留基础底模板的厚度，符合设计要求后拉线安装基础底模板并找直，底模板上应拼上连接角模，两侧模板与底模板连接角模用U形卡连接。用基础卡具或安装上下锁口楞、腰楞及外竖楞，辅以斜撑或对拉螺栓，确保模板支撑牢固。

（2）基础模板安装完成，复核检查基础模板尺寸无误后，相邻基础柱模板连接固定。有楼板模板时，在基础模板上连接阴角模，与模板拼接固定。

（3）基础柱接头模板的连接特别重要，必要时可用专门加工的基础柱接头模板。

（4）基础底模采用桁架支撑时，要按事先设计的要求设置，考虑桁架的横向刚度，上下弦设水平连接，拼接桁架的螺栓拧紧，数量满足要求。

四、施工现场“7S”管理标准

“7S”管理是现代建筑施工现场行之有效的管理理念，它不仅能提高工作效率，保证产品质量，降低生产成本，保持工作环境整洁有序，保证施工安全，而且能提高施工人员的责任心。查阅相关资料，在表 1-1-5 中填写基础模板制作与安装的“7S”管理工作范畴。

表 1-1-5　基础模板制作与安装“7S”管理工作范畴

内容	含义与目的	基础模板制作与安装工作范畴
整理（SEIRI）	将工作场所的物品区分为有必要的物品和没有必要的物品，有必要的物品留下来，其他的都清除 腾出空间，空间活用，防止误用，创设整洁的工作场所	
整顿（SEITON）	把留下来的必要物品摆放在规定位置，并加以标识 工作场所一目了然，节约寻找物品的时间，创设整齐的工作环境，消除过多的积压物品	
清扫（SEISO）	将工作场所内看得见与看不见的地方清扫干净，保持工作场所洁净 稳定品质，减少工业伤害	
清洁（SEIKETSU）	将整理、整顿、清扫进行到底，并制度化，保持环境美观的状态 创设明朗现场，维持以上“3S”成果	
素养（SHITSUKE）	每一位成员养成良好的习惯，并遵守规则，培养积极主动的精神（也称习惯性） 培养具有良好习惯、遵守规则的员工，培养团队精神	
安全（SECURITY）	重视成员的安全教育，树立“安全第一”的观念，防患于未然 建立安全生产的环境，所有的工作应以安全为前提	
节约（SAVING）	合理利用时间、空间、能源等，发挥它们的最大效能 创造高效率的、物尽其用的工作氛围	

评价与分析

根据各组成员在本活动学习过程中的表现填写“学习任务过程性考核记录表”（见附录）。

学习活动 2 制定基础模板制作与安装方案

学习目标

1. 能准确、规范地进行施工现场查勘，明确组合式模板施工工艺流程。

2. 能判断并确定施工所用模板的类型，合理选用设备及工器具，编制模板下料单，绘制模板翻样图纸。

3. 能通过查阅资料，制订并展示基础模板制作与安装施工工作计划。

4. 能制定基础模板制作与安装的施工方案。

建议学时

6 学时。

学习过程

一、引导问题

通过阅读《混凝土结构工程施工规范》（GB 50666—2011）、《组合钢模板技术规范》（GB 50214—2013）、《建筑施工模板安全技术规范》（JGJ 162—2008）、《混凝土结构工程施工质量验收规范》（GB 50204—2015）、《世界技能标准规范》（WSSS）等资料中关于模板制作与安装施工工艺文件和规范的内容，完成下列任务。

1. 基础模板制作常用材料包括模板、方木、钢管、PVC 套管、对拉螺栓、铁钉等。请查阅相关资料，将模板制作的相关材料名称、规格、数量等填入表 1-2-1 中。

表 1-2-1 常用材料性能一览表

序号	材料名称	规格	数量	备注

2. 常用工具包括手工工具（锤子、手锯、撬棍、手刨、活动扳手、墨斗、地规等）和测量工具（钢卷尺、线锤、测距仪、塞尺、水平尺、角度尺、投线仪等）。请将常用工具的名称、规格、数量等填入表 1-2-2 中。

表 1-2-2 常用工具一览表

序号	工具名称	规格	数量	备注

3. 常用机械设备包括电圆锯、轨道锯、曲线锯、型材切割机、砂轮切割机、电钻等。请将常用机械设备的名称、规格、数量等填入表 1-2-3 中。

表 1-2-3　常用机械设备一览表

序号	设备名称	规格	数量	备注

4. 请将人员配备及分工填入表 1-2-4 中。

表 1-2-4　人员配备及分工表

序号	工位号	姓名	岗位	岗位职责	备注
1					根据工程施工进度和实际情况，各工种人数会有所变化
2					
3					
4					
5					
6					

二、制作基础模板制作与安装技术交底记录

查阅相关资料，根据基础模板制作与安装施工规范要求，与小组成员合作，制作一份“基础模板制作与安装技术交底记录表”（见表 1-2-5），交底内容包括材料要求、主要工量具、作业条件、操作工艺等。

表 1-2-5　基础模板制作与安装技术交底记录表

<table>
<tr><td rowspan="2">工程名称</td><td rowspan="2"></td><td>编号</td><td></td></tr>
<tr><td>交底日期</td><td></td></tr>
<tr><td>施工单位</td><td></td><td>分项工程名称</td><td></td></tr>
<tr><td>交底摘要</td><td></td><td>页数</td><td>共　　页，第　　页</td></tr>
</table>

交底内容：

<table>
<tr><td rowspan="2">签字栏</td><td>交底人</td><td></td><td>审核人</td><td></td></tr>
<tr><td>接受交底人</td><td colspan="3"></td></tr>
</table>

三、制作基础模板制作与安装安全交底记录

查阅相关资料，根据基础模板制作与安装施工规范要求，与小组成员合作，制作一份“基础模板制作与安装安全交底记录表”（见表1-2-6）。

表1-2-6　基础模板制作与安装安全交底记录表

<table>
<tr><td rowspan="2">工程名称</td><td rowspan="2"></td><td>编号</td><td></td></tr>
<tr><td>交底日期</td><td></td></tr>
<tr><td>施工单位</td><td></td><td>分项工程名称</td><td></td></tr>
<tr><td>交底摘要</td><td></td><td>页数</td><td>共　　页，第　　页</td></tr>
<tr><td colspan="4">交底内容：

</td></tr>
</table>

<table>
<tr><td rowspan="2">签字栏</td><td>交底人</td><td></td><td>审核人</td><td></td></tr>
<tr><td>接受交底人</td><td colspan="3"></td></tr>
</table>

四、制定基础模板制作与安装方案

1. 制定基础模板制作与安装方案，首先要明确完成基础模板施工任务的基本步骤，并画出本任务的施工工艺流程图（见图 1-2-1）。

图 1-2-1　基础模板制作与安装施工工艺流程图

2．制定本任务的方案。根据本组成员的不同特点进行合理分工，通过讨论，制定本组基础模板制作与安装方案，并填入表 1-2-7 中。

表 1-2-7　基础模板制作与安装方案

任务名称		工作任务起止日期		制定方案日期	
序号	施工步骤	工作内容	所需资料、材料及工具	负责人	参与人员
1	模板下料				
2	模板放样				
3	支立柱				
4	调整标高				
5	安装基础底模				
6	安装基础侧模				
7	侧模加固				
8	拆模				
9	检验				

教师审核意见：

教师（签名）：　　　　决策人（签名）：

年　　月　　日

评价与分析

根据各组成员在本活动学习过程中的表现填写“学习任务过程性考核记录表”（见附录）。

学习活动 3
审定基础模板制作与安装方案

学习目标

1. 能审核检查基础模板制作与安装方案的完整性和科学性。
2. 能对基础模板制作与安装方案进行修改完善。

建议学时

6 学时。

学习过程

一、检查计划

各组材料、工具、设备选择完成后，先进行自检，再进行互检，最后由教师进行专检，并填写表 1-3-1。

表 1-3-1　检查材料、工具、设备计划

序号	检查项目	质量标准	检查情况（是否达标）

二、讨论评价基础模板施工方案

1. 各组代表上台展示各组编制的基础模板施工方案，教师会同其他组成员对模板施工方案的内容进行第一次审定，并将修改意见填写在方案中，由各组组长组织组内成员认真阅读，按照教师意见修改施工方案，完成表 1-3-2。

表 1-3-2　基础模板施工方案审查单（一审）

任务名称		工作任务起止日期		制定方案日期	
序号	所需修改内容	修改意见	所需资料、材料及工具	负责人	参与人员
1					
2					
3					
4					
5					
6					
7					
8					
9					
10					
11					
12					
13					
14					
15					
16					
17					

2. 各组互换方案审查，小组代表汇报审核意见，并会同教师对小组提交的修改方案（见表 1-3-2）进行审定并确定最终实施方案，填入表 1-3-3 中。

表 1-3-3　基础模板施工方案审查单（二审或终审）

任务名称		工作任务起止日期		制定方案日期	

序号	所需修改内容	修改意见	所需资料、材料及工具	负责人	参与人员
1					
2					
3					
4					
5					
6					
7					
8					
9					
10					
11					
12					
13					
14					

评价与分析

根据各组成员在本活动学习过程中的表现填写“学习任务过程性考核记录表”（见附录）。

学习活动 4
实施基础模板制作与安装方案

学习目标

1. 能根据结构施工图图纸、质量验收规范实施组合模板工程技术与安全交底，填写“分项工程技术交底记录”。

2. 能根据模板施工图合理选用设备进行模板下料和切割加工。

3. 能正确选取工器具，完成组合模板的拼装及加固。

4. 能正确填写“施工作业验收项目单”，与项目技术负责人有效沟通并交付验收。

建议学时

6 学时。

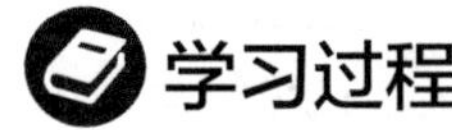

学习过程

一、施工前准备

1. 查看现场，设置必要的安全隔离防护设施和安全标志，清理场地，准备现场工作环境，并将安全隔离防护设施和安全标志设置情况记录在表 1-4-1 中。

表 1-4-1　安全隔离防护设施和安全标志设置情况

序号	安全隔离防护设施和安全标志	位置	目的

续表

序号	安全隔离防护设施和安全标志	位置	目的

2. 除做好现场准备工作外，施工人员自身应做好哪些防护准备？以小组为单位进行讨论，并做好记录。

____

____

____

3. 查阅相关资料，根据基础模板制作与安装施工规范要求，与小组成员合作，完成“基础模板制作与安装技术交底记录表”（见表 1-4-2），交底内容包括材料要求、主要工量具、作业条件、操作工艺等。

表 1-4-2 基础模板制作与安装技术交底记录表

工程名称		编号	
		交底日期	
施工单位		分项工程名称	
交底摘要		页数	共　　页，第　　页

交底内容：

签字栏	交底人		审核人	
	接受交底人			

二、填写基础模板制作所需材料与工具清单并领用

使用材料必须满足方案及规范要求，模板应分类堆放并清理干净，使用机具应准备到位。

在施工前，回顾基础模板制作与安装工艺步骤与施工图，填写表 1-4-3“材料与工具领用清单一览表”。以小组为单位，按仓库管理要求领取所需材料与工具。

表 1-4-3　材料与工具领用清单一览表

序号	材料或工具名称	单位	数量	备注
1				
2				
3				
4				
5				
6				
7				
8				
9				
10				
11				
12				
13				
14				
15				

三、实施基础模板制作与安装作业

1. 基础模板制作施工过程

各组分别由一位世赛项目选手辅助进行基础模板加工制作，在世赛项目选手引导下完成整个工作任务；查阅相关资料并总结基础模板加工制作步骤、应注意事项及要点，并完成表 1-4-4。

表 1-4-4　基础模板加工制作步骤、应注意事项及要点

事项	序号及说明	应注意事项及要点	附照片
加工制作步骤	1.		
	2.		
	3.		
	4.		
	5.		
	6.		
	7.		
	8.		

2. 基础模板安装施工过程

各组分别由一位世赛项目选手辅助进行基础模板安装，在世赛项目选手引导下完成整个工作任务；查阅相关资料并总结基础模板安装步骤、应注意事项及要点，并完成表 1-4-5。

表 1-4-5　基础模板安装步骤、应注意事项及要点

事项	序号及说明	应注意事项及要点	附照片
安装步骤	1.		
	2.		
	3.		
	4.		
	5.		
	6.		
	7.		
	8.		

四、基础模板成品的验收

1. 完成基础模板施工后，按基础模板施工任务单交付验收人验收，并按表 1-4-6 所列的验收标准进行验收，最后填写验收意见。

表 1-4-6 基础模板制作与安装验收标准

序号	验收项目	验收标准	客户意见	权重（%）	教师评分
1					
2					
3					
4					
5					
6					
7					
8					

2. 记录验收过程中存在的问题，小组讨论解决问题的方法，并填入表 1-4-7 中。

表 1-4-7 验收过程问题记录

序号	验收过程中存在的问题	改进和完善措施	完成时间	备注
1				
2				
3				
4				
5				

3. 基础模板成品验收结束后，整理材料和工具，归还领用物品，并填写“基础模板成品交付清单”（见表 1-4-8）。

表 1-4-8　基础模板成品交付清单

<table>
<tr><td>任务名称</td><td colspan="3"></td><td>接单日期</td><td></td></tr>
<tr><td>工作地点</td><td colspan="3"></td><td>交付日期</td><td></td></tr>
<tr><td rowspan="2">三方评价结果
（百分制）</td><td>自我评价</td><td>小组评价</td><td>项目负责人评价</td><td rowspan="2">验收结论
（百分制）</td><td rowspan="2"></td></tr>
<tr><td></td><td></td><td></td></tr>
</table>

材料及工具归还清单

<table>
<tr><th>序号</th><th>材料及工具名称</th><th>型号和规格</th><th>数量</th><th>备注</th></tr>
<tr><td>1</td><td></td><td></td><td></td><td></td></tr>
<tr><td>2</td><td></td><td></td><td></td><td></td></tr>
<tr><td>3</td><td></td><td></td><td></td><td></td></tr>
<tr><td>4</td><td></td><td></td><td></td><td></td></tr>
<tr><td>5</td><td></td><td></td><td></td><td></td></tr>
<tr><td>6</td><td></td><td></td><td></td><td></td></tr>
<tr><td>7</td><td></td><td></td><td></td><td></td></tr>
<tr><td>8</td><td></td><td></td><td></td><td></td></tr>
<tr><td colspan="2">项目负责人（签名）：

年　月　日</td><td colspan="3">团队负责人（签名）：

年　月　日</td></tr>
</table>

五、清理施工现场

施工完毕，自检合格后应按施工规范和施工现场“7S”管理标准清点、整理工具，收集剩余材料，归置物品，清理施工垃圾，拆除防护措施。

1. 查阅相关资料，回顾施工过程，简述本次任务中的哪些环节属于施工现场“7S”管理标准内容的范畴。

2. 简述本任务施工完毕后拆除安全隔离设施的顺序。

3. 本任务施工完毕后，应进行哪些清点和清理工作？

评价与分析

根据各组成员在本活动学习过程中的表现填写“学习任务过程性考核记录表”（见附录）。

学习活动 5
基础模板制作与安装质量检查

学习目标

1. 能按照模板工程检验批质量的要求，对基础模板成品进行过程检验。

2. 能初步发现并记录常见基础模板施工质量问题并取证，填写质量处理记录，向施工作业班组通报质量检查意见并跟踪不合格项整改。

建议学时

6 学时。

学习过程

一、检查记录

依据检查结果，填写“基础模板制作与安装工程检验批质量验收记录”（见表 1-5-1），以及“预埋件和预留孔洞的允许偏差”（见表 1-5-2）。

表 1-5-1　基础模板制作与安装工程检验批质量验收记录

<table>
<tr><td colspan="2">工程名称</td><td colspan="2"></td><td>分项工程名称</td><td></td></tr>
<tr><td colspan="2">验收部位</td><td colspan="2"></td><td>施工单位</td><td></td></tr>
<tr><td colspan="2">项目经理</td><td></td><td>专业工长</td><td></td><td>施工班组组长</td></tr>
<tr><td colspan="4">施工执行标准名称及编号</td><td colspan="2">《混凝土结构工程施工质量验收规范》（GB 50204—2015）</td></tr>
<tr><td colspan="4">质量验收规范的规定</td><td>施工单位检查评定记录</td><td>监理（建设）单位验收记录</td></tr>
<tr><td rowspan="2">主控项目</td><td colspan="2">1. 支架</td><td>第 4.2.1 条</td><td></td><td></td></tr>
<tr><td colspan="2">2. 隔离剂</td><td>第 4.2.2 条</td><td></td><td></td></tr>
<tr><td rowspan="10">一般项目</td><td colspan="2">1. 轴线位移</td><td>5</td><td></td><td></td></tr>
<tr><td colspan="2">2. 底模上表面标高</td><td>± 5</td><td></td><td></td></tr>
<tr><td rowspan="2">3. 截面内部尺寸</td><td>基础</td><td>± 10</td><td></td><td></td></tr>
<tr><td>基础、柱、墙</td><td>+4，−5</td><td></td><td></td></tr>
<tr><td rowspan="2">4. 垂直度</td><td>≤ 5 m</td><td>6</td><td></td><td></td></tr>
<tr><td>> 5 m</td><td>8</td><td></td><td></td></tr>
<tr><td colspan="2">5. 预埋钢板中心线位置</td><td>3</td><td></td><td></td></tr>
<tr><td colspan="2">6. 预埋管、预留孔中心线位置</td><td>3</td><td></td><td></td></tr>
<tr><td rowspan="2">7. 插筋</td><td>中心线位置</td><td>5</td><td></td><td></td></tr>
<tr><td>外露长度</td><td>+10，0</td><td></td><td></td></tr>
<tr><td colspan="6">共实测（　　）点，其中合格（　　）点，不合格（　　）点，合格率（　　）%</td></tr>
<tr><td colspan="2">施工单位检查评定结果</td><td colspan="4">项目专业质量检查员：　　　　项目专业质量（技术）负责人：
年　月　日</td></tr>
<tr><td colspan="2">监理（建设）单位验收结论</td><td colspan="4">监理工程师（建设单位项目技术负责人）：
年　月　日</td></tr>
</table>

注：1. 本表由施工项目专业质量检查员填写，监理工程师（建设单位项目技术负责人）组织项目专业质量（技术）负责人等进行验收。

2. 检查轴线和中心线位置时，应沿纵、横两个方向测量，并取其中的较大值。

3. 表中一般项目允许偏差值的单位为 mm。

表 1-5-2　预埋件和预留孔洞的允许偏差

<table>
<tr><th colspan="2">项目</th><th>偏差值 /mm</th></tr>
<tr><td colspan="2">预埋钢板中心线位置</td><td></td></tr>
<tr><td colspan="2">预埋管、预留孔中心线位置</td><td></td></tr>
<tr><td rowspan="2">插筋</td><td>中心线位置</td><td></td></tr>
<tr><td>外露长度</td><td></td></tr>
<tr><td rowspan="2">预埋螺栓</td><td>中心线位置</td><td></td></tr>
<tr><td>外露长度</td><td></td></tr>
<tr><td rowspan="2">预留洞</td><td>中心线位置</td><td></td></tr>
<tr><td>尺寸</td><td></td></tr>
</table>

注：检查中心线位置时，应沿纵、横两个方向测量，并取其中的较大值。

二、检查整改

1. 实施施工过程质量检查，若发现隐患，签发“施工质量隐患检查整改通知单”（见表 1-5-3），责令施工班组整改。

表 1-5-3　施工质量隐患检查整改通知单

通知单编号：

<table>
<tr><td>项目名称</td><td></td><td>检查日期</td><td>年　　月　　日</td></tr>
<tr><td>存在问题和整改内容</td><td colspan="3">检查人：　　　　　　　　　　　　接受人：
日　期：　年　月　日　　　　　日　期：　年　月　日
（此页应根据实际情况手写并立即下发）</td></tr>
<tr><td>整改期限</td><td colspan="3">限　　日内整改完毕，否则将按照合同及有关条款约定，给予处罚。</td></tr>
</table>

续表

复查意见	复查人： 日 期： 年 月 日
备注	1. 本检查整改通知必须明确限期整改时间和复查结果，并明确复查意见，即是否达到整改要求，对未达到要求的采取处理措施，如加倍罚款、停工等。 2. 发放范围：施工总包单位或需要整改的分包单位。 3. 本通知及附页共 页。

2. 对上述质量隐患进行复查，填写“施工不合理处置及改进意见”（见表1-5-4）。

表1-5-4 施工不合理处置及改进意见

序号	工作内容	不合格项描述	不合格项原因分析	改进意见
1	模板加工及制作			
2	模板拼装及加固			

小提示

在浇筑混凝土之前，应对模板工程进行验收。模板安装和浇筑混凝土时，应对模板及其支架进行观察和维护。发生异常时，应按施工技术方案及时进行处理。

1. **主控项目**

（1）安装现浇结构的上层模板及其支架时，下层楼板应具有承受上层荷载的能力，或加设支架；上、下层支架的立柱应对准，并铺设垫板。

检查数量：全数检查。

检验方法：对照模板设计文件和施工技术方案观察。

（2）在涂刷模板隔离剂时，不得污染钢筋与混凝土接槎处。

检查数量：全数检查。

检验方法：观察。

2. **一般项目**

（1）模板安装应满足下列要求：

1）模板的接缝不应漏浆；在浇筑混凝土前，木模板应浇水湿润，但模板内不应有积水。

2）模板与混凝土的接触面应清理干净并涂刷隔离剂，但不得采用影响结构性能或妨碍装饰工程施工的隔离剂。

3）浇筑混凝土前，模板内的杂物应清理干净。

4）对清水混凝土工程及装饰混凝土工程，应使用能达到设计效果的模板。

检查数量：全数检查。

检验方法：观察。

（2）用作模板的地坪、胎模等应平整光洁，不得产生影响构件质量的下沉、裂缝、起砂或起鼓等现象。

检查数量：全数检查。

检验方法：观察。

（3）对跨度不小于 4 m 的现浇钢筋混凝土基础、板，其模板应按设计要求起拱；当设计无具体要求时，起拱高度宜为跨度的 1‰～3‰。

检查数量：在同一检验批内，对基础，应抽查构件数量的 10%，且不少于 3 件；对板，应按有代表性的自然间抽查 10%，且不少于 3 间；对大空间结构，板可按纵横轴线划分检查面，抽查 10%，且不少于 3 面。

检验方法：水准仪或拉线、钢尺检查。

（4）固定在模板上的预埋件、预留孔和预留洞均不得遗漏，且应安装牢固，其偏差应符合有关规定。

检查数量：在同一检验批内，对基础、柱和独立基础，应抽查构件数量的 10%，且不少于 3 件；对墙和板，应按有代表性的自然间抽查 10%，且不少于 3 间；对大空间结构，墙可按相邻轴线间高度 5 m 左右划分检查面，板可按纵横轴线划分检查面，抽查 10%，且均不少于 3 面。

检验方法：钢尺检查。

 评价与分析

根据各组成员在本活动学习过程中的表现填写“学习任务过程性考核记录表”（见附录）。

学习活动 6
基础模板制作与安装总结

学习目标

1. 能对学习与工作进行反思总结，正确、规范地撰写工作总结。
2. 能编制基础模板施工资料目录，会收集施工过程及检查资料且归档。

建议学时

2 学时。

学习过程

一、小组评价

以小组为单位，选择演示文稿、展板、海报、视频等形式中的一种或几种，向全班展示基础模板制作与安装作业成果。在展示的过程中，以小组为单位进行评价；评价完成后，根据其他小组成员对本组展示成果的评价意见进行归纳总结。

1. 以小组为单位，讨论并列出和基础模板制作与安装相关的资料。

____

____

____

____

____

2. 以小组为单位，讨论如何编制目录、如何收集资料。

3. 以小组为单位，按归档目录收集安全检查资料并归档。

二、教师评价

认真听取教师对本组展示成果优缺点及在完成工作过程中出现的亮点和不足的评价意见，并做好记录。

1. 教师对本组展示成果优点的点评。

2. 教师对本组展示成果缺点及改进方法的点评。

3. 教师对本组在整个任务完成过程中出现的亮点和不足的点评。

三、基础模板工作过程回顾及总结

总结完成基础模板施工任务过程中遇到的问题和困难，列举 2 ~ 3 点你认为值得分享的工作经验。

评价与分析

按照客观、公正和公平的原则，在教师的指导下按自我评价、小组评价和教师评价三种方式对自己或他人在本学习任务中的表现进行综合评价。综合等级按

A（90 ~ 100）、B（75 ~ 89）、C（60 ~ 74）、D（0 ~ 59）四个级别进行填写。学习任务综合评价表见表 1-6-1。

表 1-6-1　学习任务综合评价表

<table>
<tr><th rowspan="2">考核项目</th><th rowspan="2">评价内容</th><th rowspan="2">配分</th><th colspan="3">评价分数</th></tr>
<tr><th>自我评价</th><th>小组评价</th><th>教师评价</th></tr>
<tr><td rowspan="6">职业素养</td><td>劳动防护用品穿戴整齐，仪容仪表符合工作要求</td><td>5 分</td><td></td><td></td><td></td></tr>
<tr><td>安全意识、责任意识强</td><td>6 分</td><td></td><td></td><td></td></tr>
<tr><td>积极参加教学活动，按时完成各项学习任务</td><td>6 分</td><td></td><td></td><td></td></tr>
<tr><td>团队合作意识强，善于与人交流和沟通</td><td>6 分</td><td></td><td></td><td></td></tr>
<tr><td>自觉遵守劳动纪律，尊重师长，团结同学</td><td>6 分</td><td></td><td></td><td></td></tr>
<tr><td>爱护公物、节约材料，现场符合“7S”管理标准</td><td>6 分</td><td></td><td></td><td></td></tr>
<tr><td rowspan="3">专业能力</td><td>专业知识查找及时、准确，有较强的自学能力</td><td>10 分</td><td></td><td></td><td></td></tr>
<tr><td>操作积极，训练刻苦，具有一定的动手能力</td><td>15 分</td><td></td><td></td><td></td></tr>
<tr><td>技能操作规范，注重安装工艺，工作效率高</td><td>10 分</td><td></td><td></td><td></td></tr>
<tr><td rowspan="2">工作成果</td><td>产品制作符合工艺规范，功能满足要求</td><td>20 分</td><td></td><td></td><td></td></tr>
<tr><td>工作总结符合要求，展示成果制作质量高</td><td>10 分</td><td></td><td></td><td></td></tr>
<tr><td colspan="2">总分</td><td>100 分</td><td></td><td></td><td></td></tr>
<tr><td>总评</td><td>自我评价 ×20% + 小组评价 ×20% + 教师评价 ×60%=</td><td>综合等级</td><td></td><td colspan="2">教师（签名）：</td></tr>
</table>

注意：本学习任务采用的是工作过程系统化的考核和评价方式，各种评价表格是评价学生学业水平的重要依据，请同学们认真对待并妥善保留存档。

学习任务二
墙模板制作与安装

学习目标

1. 阅读工作情景描述，明确任务要求，能画出关键词。
2. 能通过查阅资料和参考教材，填写组合钢模板部件的名称和用途。
3. 能通过观看视频和查阅资料，填写制作与安装工具表。
4. 能使用模板制作与安装仿真资源，描述主要设备、工具的使用方法。
5. 能根据任务要求填写人员配备表。
6. 能制定墙模板制作方案。
7. 能制定墙模板安装方案。
8. 能完善墙模板制作与安装方案。
9. 能根据墙模板制作与安装要求，进行现场安全、技术交底工作。
10. 能根据墙施工图纸及施工进度计划表进行墙模板制作与安装施工。
11. 能通过查阅规范，填写模板安装质量控制表。
12. 能识别施工图片，分析每个图片对应的质量问题。
13. 能回顾墙模板制作与安装施工过程，总结其中的问题和困难。

建议学时

30 学时。

工作流程与活动

学习活动 1　获取墙模板制作与安装信息（2 学时）
学习活动 2　制定墙模板制作与安装方案（6 学时）
学习活动 3　审定墙模板制作与安装方案（2 学时）
学习活动 4　实施墙模板制作与安装方案（14 学时）
学习活动 5　墙模板制作与安装质量检查（4 学时）
学习活动 6　墙模板制作与安装总结（2 学时）

工作情景描述

某样板房项目将进行混凝土墙施工，现需要墙模板制作与安装。

施工人员从工程项目部领取墙结构施工图和任务书，明确施工流程、内容和规范，根据墙模板施工图纸明确墙模板信息（长度、宽度、高度、模板类型，如何下料、拼装及加固等）、精度等要求，制定墙模板施工方案；查看施工现场，明确施工场地条件，根据施工图确定所需材料，准备所需切割机和其他设备，进行墙模板翻样、下料、拼装、加固，并进行自检和互检，形成记录，最后将所有技术文档上交项目经理。

项目部要求钢筋工小王根据《混凝土结构工程施工质量验收规范》（GB 50204—2015）、《世界技能标准规范》（WSSS）等相关测评标准，按“7S”管理标准管理施工现场，并进行自检和互检，形成记录，向工程项目部反馈并存档。

学习活动 1
获取墙模板制作与安装信息

学习目标

1. 阅读工作情景描述，明确任务要求，画出关键词。
2. 能通过查阅资料和参考教材，填写组合钢模板部件的名称和用途。
3. 能通过观看视频和查阅资料，填写制作与安装工具表。
4. 能使用模板制作与安装仿真资源，描述主要设备、工具的使用方法。

建议学时

2 学时。

学习过程

一、填写工作单

阅读工作页中的工作情景描述部分，明确任务要求，画出关键词。

1. 请将工作情景描述中的关键词摘抄至下。

____

____

____

2. 以小组为单位讨论，确定本组最终的关键词，并将其粘贴在各组的白板上。

____

____

3. 以小组为单位，采取“旋转木马法”将本组的关键词串联起来，阐述任务要求并记录。

____

____

____

4. 每组选派代表，结合各组白板上的关键词，向教师及其他组进行汇报。

二、查阅资料并填空

1. 查阅资料和参考教材，填写“组合钢模板部件的名称和用途”（见表 2-1-1）。

表 2-1-1　组合钢模板部件的名称和用途

图片	名称	用途

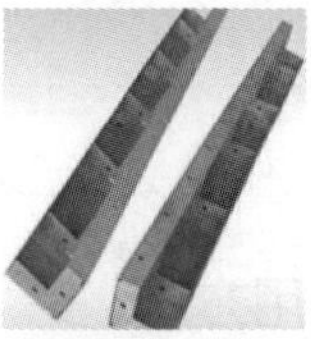		

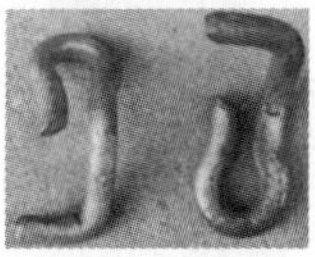		
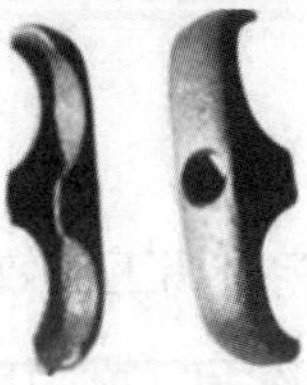		

续表

图片	名称	用途

2. 观看视频和查阅资料，填写“制作与安装设备、工具表”（见表 2-1-2）。

表 2-1-2　制作与安装设备、工具表

序号	设备、工具名称	序号	设备、工具名称	序号	设备、工具名称
1		6		11	
2		7		12	
3		8		13	
4		9		14	
5		10		15	

3. 使用模板制作与安装仿真资源，描述主要设备、工具的使用方法，并填入表 2-1-3 中。

表 2-1-3　主要设备、工具的使用方法

序号	名称	使用方法
1		
2		
3		
4		
5		

三、施工现场“7S”管理标准

“7S”管理是现代建筑施工现场行之有效的管理理念，它不仅能提高工作效率，保证产品质量，降低生产成本，保持工作环境整洁有序，保证施工安全，而且能提高施工人员的责任心。查阅相关资料，在表 2-1-4 中填写墙模板制作与安装“7S”管理工作范畴。

表 2-1-4　墙模板制作与安装“7S”管理工作范畴

内容	含义与目的	墙模板制作与安装工作范畴
整理（SEIRI）	将工作场所的物品区分为有必要的物品和没有必要的物品，有必要的物品留下来，其他的都清除 腾出空间，空间活用，防止误用，创设整洁的工作场所	
整顿（SEITON）	把留下来的必要物品整齐摆放在规定位置，并加以标识 工作场所一目了然，节约寻找物品的时间，创设整齐的工作环境，消除过多的积压物品	
清扫（SEISO）	将工作场所内看得见与看不见的地方清扫干净，保持工作场所洁净 稳定品质，减少工业伤害	
清洁（SEIKETSU）	将整理、整顿、清扫进行到底，并制度化，保持环境美观的状态 创设明朗现场，维持以上“3S”成果	
素养（SHITSUKE）	每一位成员养成良好的习惯，并遵守规则，培养积极主动的精神（也称习惯性） 培养具有良好习惯、遵守规则的员工，培养团队精神	
安全（SECURITY）	重视成员的安全教育，树立“安全第一”的观念，防患于未然 建立安全生产的环境，所有的工作应以安全为前提	
节约（SAVING）	合理利用时间、空间、能源等，发挥它们的最大效能 创造高效率的、物尽其用的工作氛围	

评价与分析

根据各组成员在本活动学习过程中的表现填写“学习任务过程性考核记录表”（见附录）。

学习活动 2
制定墙模板制作与安装方案

学习目标

1. 能根据任务要求，填写人员配备表。
2. 能制定墙模板制作方案。
3. 能制定墙模板安装方案。

建议学时

6 学时。

学习过程

一、根据任务要求，进行人员分工

1. 以小组为单位，根据任务要求填写“人员配备表”（见表 2-2-1）。

表 2-2-1　人员分配表

班级：__________　小组：__________　指导教师：__________

序号	姓名	工作描述
1		
2		
3		
4		
5		
6		

2. 小组成员将工作任务认领表粘贴在各组白板上，并向教师及其他组进行汇报展示。

二、制定墙模板制作方案

1. 查阅资料，以小组为单位采取“头脑风暴法”确定墙模板制作的流程。
2. 对照墙模板制作流程，归纳每一步的工作任务要点。
3. 对照墙模板制作流程，找出与之配套的使用工具。
4. 填写“墙模板制作流程”（见表 2-2-2）。

表 2-2-2 墙模板制作流程

步骤	施工环节	任务要点	使用的工具
第一步			
第二步			
第三步			
第四步			
第五步			
第六步			

三、制定墙模板安装方案

1. 查阅资料，以小组为单位采取“头脑风暴法”确定墙模板安装的流程。
2. 对照墙模板安装流程，归纳每一步的工作任务要点。
3. 对照墙模板安装流程，找出与之配套的使用工具。
4. 填写“墙模板安装流程”（见表 2-2-3）。

表 2-2-3　墙模板安装流程

步骤	施工环节	任务要点	使用的工具
第一步			
第二步			
第三步			
第四步			
第五步			
第六步			
第七步			

四、确定施工进度

确定施工进度，并填入表 2-2-4 中。

表 2-2-4　施工进度表

序号	施工步骤	开始时间	结束时间	用时

小提示

混凝土墙体的模板主要由侧板、立挡、横挡、斜撑等组成，如图 2-2-1 所示。

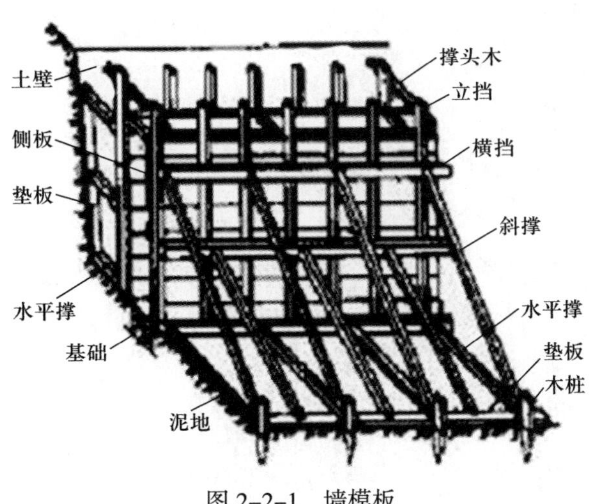

图 2-2-1　墙模板

1. 侧板可以采用长条板横拼，预先与立挡钉成大块板，板块的高度一般以不超过 1.2 m 为宜。横挡钉在立挡外侧，从底部开始每隔 1.0 ~ 1.5 m 一道。在横挡与木桩之间支斜撑和平撑，当木桩间距大于斜撑间距时，应沿木桩设通长的落地横挡，斜撑与平撑紧顶在落地横挡上。当坑壁较近时，可在坑壁上立垫木，在横挡与垫木之间用平撑支撑。

2. 墙模板安装时，根据边线先立一侧模板，临时用支撑撑住，用线锤校正模板的垂直，然后钉横挡，再用斜撑和平撑固定。大块侧模组拼时，上下竖向拼缝要互相错开，先立两端，后立中间部分。待墙模板安装后，按同样的方法安装另一侧模板及斜撑等。

3. 为了保证墙体的厚度准确，在两侧模板之间可用小方木撑头（小方木长度等于墙厚），小方木要随着浇筑混凝土逐个取出。为了防止浇筑混凝土的墙身鼓胀，可用 8 ~ 10 号铅丝或直径 12 ~ 16 mm 螺栓拉结两侧模板，间距不大于 1 m。螺栓要纵横排列，并在混凝土凝结前经常转动，以便在凝结后取出，如果墙体不高，厚度也不大，还可在两侧模板上口钉上搭头木。

评价与分析

根据各组成员在本活动学习过程中的表现填写“学习任务过程性考核记录表”（见附录）。

学习活动 3
审定墙模板制作与安装方案

学习目标

1. 能完成墙模板制作与安装方案内审。
2. 能完成墙模板制作与安装方案外审。
3. 能完善墙模板制作与安装方案。

建议学时

2 学时。

学习过程

一、墙模板制作与安装方案内审

1. 以小组为单位，内部审核前期制定的墙模板制作与安装方案。
2. 将完善后的方案粘贴在各组白板上。

二、墙模板制作与安装方案外审

1. 采取“工作站法”，各组按顺时针方向依次参观其他组方案，并提出整改意见。

2. 教师在各组互审完成后，对各组的墙模板制作与安装方案进行点评，并帮助各组确定最终实施方案。

三、完善墙模板制作与安装方案

1. 总结其他组和教师的审核意见。

需整改内容：____。

整改措施：____。

2. 确定墙模板制作的最终实施方案，见表 2-3-1。

表 2-3-1　墙模板制作实施方案

步骤	施工环节	任务要点	使用工具	时间节点
第一步				
第二步				
第三步				
第四步				
第五步				

续表

步骤	施工环节	任务要点	使用工具	时间节点
第六步				
第七步				

3. 确定墙模板安装的最终实施方案，见表 2-3-2。

表 2-3-2　墙模板安装实施方案

步骤	施工环节	任务要点	使用工具	时间节点
第一步				
第二步				
第三步				
第四步				
第五步				

续表

步骤	施工环节	任务要点	使用工具	时间节点
第六步				
第七步				

评价与分析

根据各组成员在本活动学习过程中的表现填写“学习任务过程性考核记录表”（见附录）。

学习活动 4
实施墙模板制作与安装方案

学习目标

1. 能根据墙模板制作与安装要求，进行现场安全、技术交底工作。
2. 能根据墙施工图纸及施工进度计划表进行墙模板制作与安装施工。

建议学时

14 学时。

学习过程

一、技术交底

根据墙模板制作与安装要求，进行现场安全、技术交底工作，并形成“技术交底记录表”（见表 2-4-1）。

表 2-4-1　技术交底记录表

技术交底记录		编号	
工程名称		交底日期	
施工班组		分项工程名称	模板工程
交底提要	墙模板制作与安装：		

交底内容：

1. 墙模板制作与安装过程

2. 墙模板制作与安装的质量要求（国家标准）和允许偏差

3. 墙模板制作与安装的质量要求（世赛标准）和允许偏差

4. 检验方法

审核人		交底人		接受交底人	

二、墙模板制作与安装施工

1. 施工准备

（1）劳动防护用品穿戴整齐。

（2）工具、材料发放。

（3）施工图纸准备。

施工过程：各组由一位世赛项目选手辅助进行墙模板下料制作与安装，在世赛项目选手引导下完成整个工作任务，并查阅相关资料回答下列问题。

2. 墙模板下料

总结墙模板下料步骤、下料技巧及下料注意事项，填入表 2-4-2 中。

表 2-4-2 墙模板下料步骤、下料技巧及下料注意事项

事项	序号及说明	附照片
下料步骤	1.	
	2.	
	3.	
	4.	
	5.	

续表

<table>
<tr><th>事项</th><th>序号及说明</th><th>附照片</th></tr>
<tr><td rowspan="5">下料
技巧</td><td>1.</td><td></td></tr>
<tr><td>2.</td><td></td></tr>
<tr><td>3.</td><td></td></tr>
<tr><td>4.</td><td></td></tr>
<tr><td>5.</td><td></td></tr>
<tr><td rowspan="5">下料
注意
事项</td><td>1.</td><td></td></tr>
<tr><td>2.</td><td></td></tr>
<tr><td>3.</td><td></td></tr>
<tr><td>4.</td><td></td></tr>
<tr><td>5.</td><td></td></tr>
</table>

3. 墙模板加工

总结墙模板加工步骤、加工技巧及加工注意事项，完成表 2-4-3。

表 2-4-3　墙模板加工步骤、加工技巧及加工注意事项

事项	序号及说明	附照片
加工步骤	1.	
	2.	
	3.	
	4.	
	5.	
加工技巧	1.	
	2.	
	3.	
	4.	
	5.	

续表

事项	序号及说明	附照片
加工注意事项	1.	
	2.	
	3.	
	4.	
	5.	

4. 墙模板放样

（1）绘制放样施工图，在图 2-4-1 中明确放样的先后顺序。

图 2-4-1　放样施工图

（2）总结墙模板放样步骤、放样技巧及放样注意事项，完成表 2-4-4。

表 2-4-4　墙模板放样步骤、放样技巧及放样注意事项

事项	序号及说明	附照片
放样步骤	1.	
	2.	
	3.	
	4.	
	5.	
放样技巧	1.	
	2.	
	3.	
	4.	
	5.	

续表

事项	序号及说明	附照片
放样注意事项	1.	
	2.	
	3.	
	4.	
	5.	

5. 墙模板安装

总结墙模板安装步骤、安装技巧及安装注意事项，完成表 2-4-5。

表 2-4-5 墙模板安装步骤、安装技巧及安装注意事项

事项	序号及说明	附照片
安装步骤	1.	
	2.	
	3.	
	4.	
	5.	

续表

事项	序号及说明	附照片
安装技巧	1.	
	2.	
	3.	
	4.	
	5.	
安装注意事项	1.	
	2.	
	3.	
	4.	
	5.	

6. 工完场清

当天任务完成后，各组按照场地平面布置图将材料和工具归类整理，完成工位卫生、垃圾清理工作，并将垃圾或废料放到指定地点，经各班组组长确认后方可离开工位。请回答以下问题：

（1）工完场清的概念和基本要求是什么？

____

____

____

____

（2）工完场清过程中需要注意哪些问题？

____

____

____

____

评价与分析

根据各组成员在本活动学习过程中的表现填写“学习任务过程性考核记录表”（见附录）。

学习活动 5
墙模板制作与安装质量检查

学习目标

1. 能通过查阅规范，填写模板安装质量控制表。
2. 能识别施工图片，分析每个图片对应的质量问题。

建议学时

4 学时。

学习过程

一、查阅规范并填表

查阅《混凝土结构工程施工质量验收规范》（GB 50204—2015），补充完成“模板安装质量控制表”（见表 2-5-1）。

表 2-5-1　模板安装质量控制表

项目名称		检查数量	检验方法
主控项目	模板及支架材料		
	模板的定位		

续表

项目名称		检查数量	检验方法
主控项目			
一般项目	脱模剂品种和涂刷方法		
	模板起拱		

二、分析解决质量问题

请认真观察表 2-5-2 中的施工图片，分析每个图片对应的质量问题，查询相关技术资料找到该问题的处理或避免方法。

表 2-5-2　模板施工质量评价单

图片	质量问题	处理或避免方法
	梁柱节点接缝过大	
	钢管立柱下垫方木偏位	
	钢管立柱下未垫方木	
	用钢管扣件代替顶托	

评价与分析

根据各组成员在本活动学习过程中的表现填写“学习任务过程性考核记录表”（见附录）。

学习活动 6 墙模板制作与安装总结

学习目标

能回顾墙模板制作与安装施工过程，总结其中的问题和困难。

建议学时

2 学时。

学习过程

一、墙模板制作与安装工作过程回顾及总结

1. 总结完成墙模板制作与安装施工任务过程中遇到的问题和困难，列举 2 ~ 3 点你认为值得分享的工作经验。

____

____

____

____

____

____

____

____

____

2. 回顾本学习任务的工作过程，对新学专业知识和技能进行归纳和整理，写一篇不少于 800 字的工作总结。

二、教师评价

1. 找出各组的优点进行点评。

2. 对展示过程中各组的缺点进行点评，提出改进建议。

3. 对整个任务完成中出现的亮点和不足进行点评。

评价与分析

按照客观、公正和公平的原则，在教师的指导下按自我评价、小组评价和教师评价三种方式对自己或他人在本学习任务中的表现进行综合评价。综合等级按 A（90 ~ 100）、B（75 ~ 89）、C（60 ~ 74）、D（0 ~ 59）四个级别进行填写。学习任务综合评价表见表 2-6-1。

表 2-6-1　学习任务综合评价表

考核项目	评价内容	配分	评价分数		
			自我评价	小组评价	教师评价
职业素养	劳动防护用品穿戴整齐，仪容仪表符合工作要求	5 分			
	安全意识、责任意识强	6 分			
	积极参加教学活动，按时完成各项学习任务	6 分			
	团队合作意识强，善于与人交流和沟通	6 分			
	自觉遵守劳动纪律，尊重师长、团结同学	6 分			
	爱护公物、节约材料，现场符合“7S”管理标准	6 分			
专业能力	专业知识查找及时、准确，有较强的自学能力	10 分			
	操作积极、训练刻苦，具有一定的动手能力	15 分			
	技能操作规范，注重安装工艺，工作效率高	10 分			

续表

考核项目	评价内容	配分	评价分数		
			自我评价	小组评价	教师评价
工作成果	产品制作符合工艺规范，功能满足要求	20分			
	工作总结符合要求，展示成果制作质量高	10分			
总分		100分			
总评	自我评价 ×20% + 小组评价 ×20% + 教师评价 ×60%=	综合等级		教师（签名）：	

注意：本学习任务采用的是工作过程系统化的考核和评价方式，各种评价表格是评价学生学业水平的重要依据，请同学们认真对待并妥善保留存档。

学习任务三
板模板制作与安装

学习目标

1. 能读懂板模板施工图，明确模板施工任务并记录“构件模板信息表”。

2. 能查阅并复述《建筑工程施工质量验收统一标准》（GB 50300—2013）、《混凝土结构施工规范》（GB 50666—2011）、《混凝土结构工程施工质量验收规范》（GB 50204—2015）、《世界技能标准规范》（WSSS）等相关标准和图集中模板的施工质量要求。

3. 能准确、规范地进行施工现场查勘，明确组合式模板施工工艺流程，能判断并确定施工所用模板的类型，合理选用设备及工器具，编制模板下料单，绘制模板翻样图纸。

4. 能制定板模板加工制作方案并报审。

5. 会审核板模板制作与安装方案的完整性和科学性。

6. 会检查相关材料、工具与设备是否符合要求。

7. 会对板模板制作与安装方案进行修改完善。

8. 能根据结构施工图图纸、质量验收规范实施组合模板工程技术与安全交底，填写分项工程“技术交底记录”。

9. 能根据模板施工图合理选用设备进行模板下料和切割加工。

10. 能正确选取工器具，完成组合式楼板模板的拼装及加固。

11. 能严格按照《混凝土结构施工规范》（GB 50666—2011）、《混凝土结构工程施工质量验收规范》（GB 50204—2015）、《世界技能标准规范》（WSSS）等规范要求对楼板模板实施质量检查。

12. 能初步发现并记录常见楼板模板施工质量问题并取证，填写质量处理记录，向施工作业班组通报质量检查意见并跟踪不合格项整改。

13. 能正确核算成本。

14. 能对学习与工作进行反思总结，正确、规范地撰写工作总结。

建议学时

30 学时。

工作流程与活动

学习活动 1　获取板模板制作与安装信息（4 学时）

学习活动 2　制定板模板制作与安装方案（6 学时）
学习活动 3　审定板模板制作与安装方案（2 学时）
学习活动 4　实施板模板制作与安装方案（12 学时）
学习活动 5　板模板制作与安装质量检查（4 学时）
学习活动 6　板模板制作与安装总结（2 学时）

工作情景描述

某样板房项目将进行混凝土楼层板施工，现需要模板工加工制作楼板模板。

施工人员从工程项目部领取板结构施工图和任务书，明确施工流程、内容和规范，根据板模板施工图纸明确板模板信息（长度、宽度、厚度、模板类型，如何下料、拼装及加固等）、精度（根据世赛标准，精度均为 1 mm，超出则需修正）等要求，制定板模板施工方案，写出工序，领取相关工量具；查看施工现场，明确施工场地条件，根据施工图确定所需材料，准备所需切割机和其他设备，进行板模板翻样、下料、拼装、加固，并进行自检和互检，形成记录，向工程项目部反馈并存档，最后将所有技术文档上交项目经理。

学习活动 1
获取板模板制作与安装信息

学习目标

1. 能读懂板模板施工图，明确模板施工任务并记录“构件模板信息表”。

2. 能查阅并复述《建筑工程施工质量验收统一标准》（GB 50300—2013）、《混凝土结构工程施工质量验收规范》（GB 50204—2015）、《世界技能标准规范》（WSSS）等相关标准和图集中模板的施工质量要求。

建议学时

4 学时。

学习过程

一、认知板模板制作与安装

1. 作为一名建筑施工专业的学生，请在教师的带领下，走进建筑实体模型室和 VR 实训室，感受板模板构造体系。同时请查阅板模板制作与安装的相关资料，结合图 3-1-1 所示板模板安装示意图，在表 3-1-1 中描述板模板的主要组成构件名称及作用。

表 3-1-1　板模板的主要组成构件名称及作用

序号	组成构件名称	作用

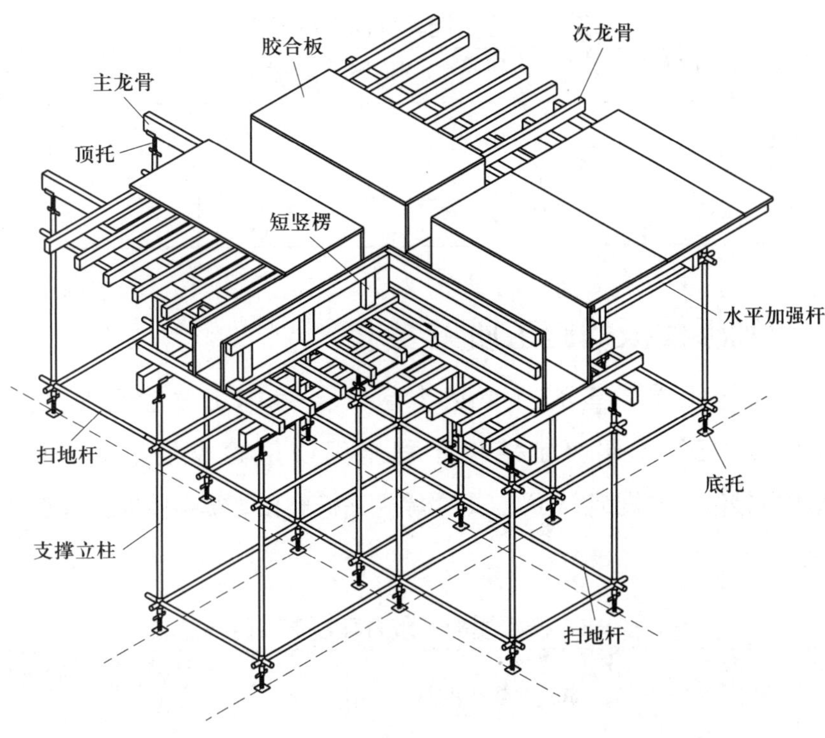

图 3-1-1　板模板安装示意图

2. 阅读图 3-1-2 所示二层结构板施工图，补充填写“构配件模板信息表”（见表 3-1-2）。

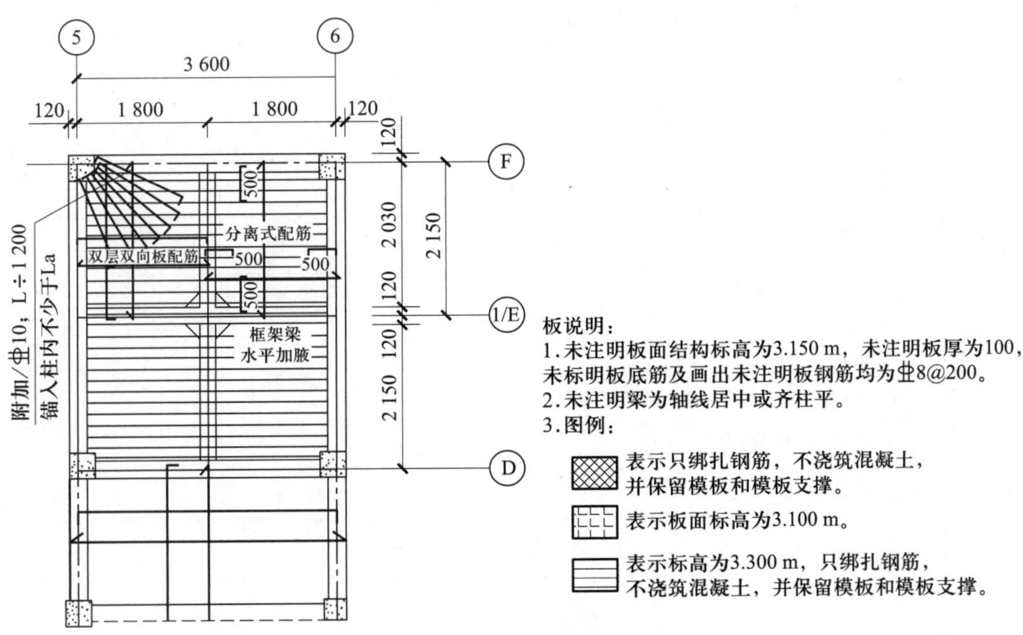

图 3-1-2　二层结构板施工图

表 3-1-2 构配件模板信息表

构件	轴线编号	开间尺寸	进深尺寸	板厚 /mm	板底标高	备注

二、明确板模板的施工质量要求

阅读结构施工图，查阅并复述《建筑工程施工质量验收统一标准》（GB 50300—2013）、《混凝土结构工程施工质量验收规范》（GB 50204—2015）、《世界技能标准规范》（WSSS）等相关标准和图集中模板的施工质量要求，填写表 3-1-3。

表 3-1-3 楼板模板安装方案检查项目一览表

<table>
<tr><th colspan="6">检查项目及施工质量验收规范的规定</th><th>是否检查</th><th>检验方法</th><th>检查频率</th></tr>
<tr><td rowspan="2">主控项目</td><td>1</td><td colspan="3">模板支撑、立柱位置和垫板</td><td>第 4.2.1 条</td><td></td><td></td><td></td></tr>
<tr><td>2</td><td colspan="3">避免隔离剂污染</td><td>第 4.2.2 条</td><td></td><td></td><td></td></tr>
<tr><td rowspan="11">一般项目</td><td>1</td><td colspan="3">模板安装的一般要求</td><td>第 4.2.3 条</td><td></td><td></td><td></td></tr>
<tr><td>2</td><td colspan="3">用作模板的地坪、胎模质量</td><td>第 4.2.4 条</td><td></td><td></td><td></td></tr>
<tr><td>3</td><td colspan="3">模板起拱高度</td><td>第 4.2.5 条</td><td></td><td></td><td></td></tr>
<tr><td rowspan="8">4</td><td rowspan="8">预埋件、预留孔洞允许偏差</td><td colspan="2">预埋钢板中心线位置</td><td>3 mm</td><td></td><td></td><td></td></tr>
<tr><td colspan="2">预埋管、预留孔中心线位置</td><td>3 mm</td><td></td><td></td><td></td></tr>
<tr><td rowspan="2">插筋</td><td>中心线位置</td><td>5 mm</td><td></td><td></td><td></td></tr>
<tr><td>外露长度</td><td>+10，0 mm</td><td></td><td></td><td></td></tr>
<tr><td rowspan="2">预埋螺栓</td><td>中心线位置</td><td>2 mm</td><td></td><td></td><td></td></tr>
<tr><td>外露长度</td><td>+10，0 mm</td><td></td><td></td><td></td></tr>
<tr><td rowspan="2">预留洞</td><td>中心线位置</td><td>10 mm</td><td></td><td></td><td></td></tr>
<tr><td>尺寸</td><td>+10，0 mm</td><td></td><td></td><td></td></tr>
</table>

续表

<table>
<tr><th colspan="6">检查项目及施工质量验收规范的规定</th><th>是否检查</th><th>检验方法</th><th>检查频率</th></tr>
<tr><td rowspan="9">一般项目</td><td rowspan="9">5</td><td rowspan="9">模板安装允许偏差</td><td colspan="2">轴线位置</td><td>5 mm</td><td></td><td></td><td></td></tr>
<tr><td colspan="2">底模上表面标高</td><td>± 5 mm</td><td></td><td></td><td></td></tr>
<tr><td rowspan="2">截面内部尺寸</td><td>基础</td><td>± 10 mm</td><td></td><td></td><td></td></tr>
<tr><td>柱、墙、梁</td><td>+4，-5 mm</td><td></td><td></td><td></td></tr>
<tr><td rowspan="2">层高垂直度</td><td>不大于 5 m</td><td>6 mm</td><td></td><td></td><td></td></tr>
<tr><td>大于 5 m</td><td>8 mm</td><td></td><td></td><td></td></tr>
<tr><td colspan="2">相邻两板表面高低差</td><td>2 mm</td><td></td><td></td><td></td></tr>
<tr><td colspan="2">表面平整度</td><td>5 mm</td><td></td><td></td><td></td></tr>
</table>

三、施工现场“7S”管理标准

“7S”管理是现代企业行之有效的现场管理理念和方法，它能提高工作效率，保证产品质量，使工作环境整洁有序，且以预防为主，保证安全。查阅相关资料，在表 3-1-4 中填写板模板制作与安装“7S”管理工作范畴。

表 3-1-4　板模板制作与安装“7S”管理工作范畴

<table>
<tr><th>内容</th><th>含义与目的</th><th>板模板制作与安装工作范畴</th></tr>
<tr><td>整理
（SEIRI）</td><td>将工作场所的物品区分为有必要的物品和没有必要的物品，有必要的物品留下来，其他的都清除
腾出空间，空间活用，防止误用，创设整洁的工作场所</td><td></td></tr>
<tr><td>整顿
（SEITON）</td><td>把留下来的必要物品整齐摆放在规定位置，并放置整齐加以标识
工作场所一目了然，节约寻找物品的时间，创设整齐的工作环境，消除过多的积压物品</td><td></td></tr>
<tr><td>清扫
（SEISO）</td><td>将工作场所内看得见与看不见的地方清扫干净，保持工作场所洁净
稳定品质，减少工业伤害</td><td></td></tr>
</table>

续表

内容	含义与目的	板模板制作与安装工作范畴
清洁（SEIKETSU）	将整理、整顿、清扫进行到底，并制度化，保持环境美观的状态 创设明朗现场，维持以上“3S”成果	
素养（SHITSUKE）	每一位成员养成良好的习惯，并遵守规则，培养积极主动的精神（也称习惯性） 培养具有良好习惯、遵守规则的员工，培养团队精神	
安全（SECURITY）	重视成员的安全教育，树立“安全第一”的观念，防患于未然 建立安全生产的环境，所有的工作应以安全为前提	
节约（SAVING）	合理利用时间、空间、能源等，发挥它们的最大效能 创造高效率的、物尽其用的工作氛围	

评价与分析

根据各组成员在本活动学习过程中的表现填写“学习任务过程性考核记录表”（见附录）。

学习活动 2
制定板模板制作与安装方案

学习目标

1. 能准确、规范地进行施工现场查勘，明确组合式模板施工工艺流程。

2. 能判断并确定施工所用模板的类型，合理选用设备及工器具，编制模板下料单，绘制模板翻样图纸。

3. 能制定板模板加工制作方案并报审。

建议学时

6 学时。

学习过程

一、引导问题

1. 通过电子设备观看楼板模板制作与安装过程，观看结束后查阅《混凝土结构工程施工质量验收规范》（GB 50204—2015）、《混凝土结构工程施工规范》（GB 50666—2011）、《组合钢模板技术规范》（GB/T 50214—2013）、《建筑施工模板安全技术规范》（JGJ 162—2008）、《世界技能标准规范》（WSSS）中有关模板制作和安装的条文，明确施工顺序，以小组为单位完成图 3-2-1，委派成员进行施工工艺流程复述与讲解。

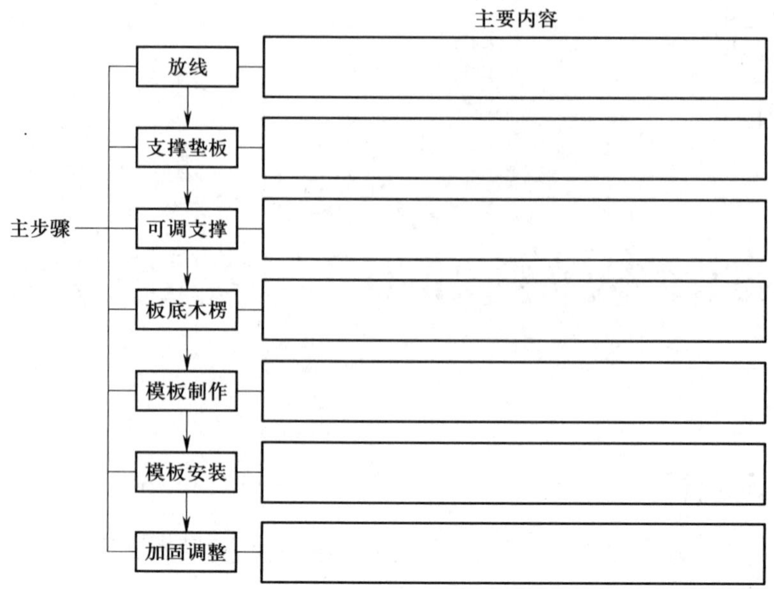

图 3-2-1　板模板制作工艺流程图

2. 阅读结构施工图，完成模板翻样，并填写表 3-2-1。

表 3-2-1　模板翻样表

第　页　共　页

序号	结构部位	规格尺寸	模板加工简图	块数	单块面积	总面积	备注
1							
2							
3							
4							
5							
			本页合计	块		m^2	

3. 阅读结构施工图，并结合表 3-2-1，使用中望 CAD2014 软件绘制模板布板图（见图 3-2-2）。

图 3-2-2　模板布板图

4. 各组根据施工方案大纲填写简单板模板施工方案的“任务认领单”（见表 3-2-2）。

表 3-2-2　任务认领单

班级：__________　小组：__________　指导教师：__________　工作任务：__________

姓名	任务描述	开始时间	结束时间	备注

二、编制板模板施工方案

1. 编制依据

板模板施工方案的编制依据为施工现场的实际情况（见表 3-2-3）及某校建筑模型室板结构施工图纸（见表 3-2-4）、规范标准（见表 3-2-5）和相关法规（见表 3-2-6）。

表 3-2-3　施工现场的实际情况

<table>
<tr><td rowspan="6">1</td><td rowspan="6">板模板施工图</td><td colspan="2">模板尺寸（开间 × 进深）/mm × mm</td><td colspan="2"></td></tr>
<tr><td>主要板面标高 /m</td><td></td><td>楼板厚度 1/mm</td><td></td></tr>
<tr><td>其余板面标高 /m</td><td></td><td>楼板厚度 2/mm</td><td></td></tr>
<tr><td>预留孔洞位置及数量</td><td></td><td>预留孔洞尺寸 /mm</td><td></td></tr>
<tr><td>预埋件名称及数量</td><td></td><td>预埋件位置</td><td></td></tr>
</table>

表 3-2-4　施工图纸

序号	图纸名称及设计编号	图纸目录	设计单位
1	某校建筑模型室板模板制作与安装施工图	1	

表 3-2-5　涉及的规范、标准

序号	规范、标准名称	规范、标准编号
1	建筑地基基础工程施工质量验收规范	GB 50202—2018
2	混凝土结构工程施工质量验收规范	GB 50204—2015
3	建筑工程施工质量验收统一标准	GB 50300—2013
4	混凝土结构施工图平面整体表示方法制图规则和构造详图	16G101-1，16G101-2，16G101-3
5	建筑结构长城杯工程质量评审标准	DBJ/T 01-69-2003
6	建筑工程资料管理规程	JGJ/T 185—2009

表 3-2-6　有关法规

序号	名称
1	中华人民共和国建筑法
2	中华人民共和国劳动法
3	建设工程质量管理条例

2. 施工准备

根据模板翻样表工程量，开列所需材料（见表 3-2-7）、工器具（见表 3-2-8），以及人员配备和分工情况（见表 3-2-9）。

表 3-2-7 所需材料

序号	材料名称	规格	数量	备注

表 3-2-8 所需工器具

序号	工器具名称	数量	序号	工器具名称	数量

表 3-2-9 人员配备和分工

序号	工位号	姓名	岗位	岗位职责	备注
1					根据工程施工进度和实际情况，各工种人数会有所变化
2					
3					
4					
5					
6					

3. 主要施工方法

（1）施工准备

1）为达到工程的质量目标，确保工程施工质量，选用信誉良好的供应商提供优质产品，严格控制进货关，杜绝劣质板材进入施工现场；对每批材料实施进货检验，符合要求方可投入使用。

2）本工程选用木模，用 18 mm 厚胶合板加 4 cm × 6 cm 木挡组合而成，支模材料采用 6 cm × 8 cm、5 cm × 10 cm、10 cm × 10 cm 方木挡，1 ~ 3 inch（直径 1.4 ~ 3.4 mm）圆钉，8# ~ 14# 铁丝等组成，ϕ48 mm 壁厚 3.5 mm 钢管，钢管扣件，钢管组合架。

（2）板模板施工工艺

1）安装程序：复核板底标高→搭设支模架→安放龙骨→安装模板（铺放密肋楼板模板）→安装板节点模板→安放预埋件及预留孔模板等→检查校正→交付验收。

2）根据模板的排列图架设支柱和龙骨。支柱与龙骨的间距应根据模板的混凝土质量与施工荷载的大小在模板设计中确定，一般支柱为 80 ~ 120 cm，大龙骨间距为 60 ~ 120 cm，小龙骨间距为 40 ~ 60 cm。支柱排列要考虑设置施工通道。

3）底层地面分层夯实，并铺垫脚板。采用多层支顶支模时，支柱应垂直，上下层支柱应在同一竖向中心线上。各层支柱间的水平拉杆和剪刀撑要加强。

4）通线调节支柱的高度，将大龙骨找平，架设小龙骨。

5）铺模板时可从四周铺起，在中间收口。楼板模板压在梁侧模时，角位模板应通线钉固。

6）楼面模板铺完后，应复核模板面标高和板面平整度，预埋件和预留孔洞不得漏设并应位置准确。支模顶架必须稳定、牢固。模板梁面、板面应清扫干净。

4. 模板安装质量要求

（1）模板及其支撑结构的材料、质量应符合规范规定和设计要求。

（2）模板安装时，为了便于模板的周转和拆卸，梁的侧模应盖在底模的外面，次梁的模板不应伸到主梁模板的开口里面，梁的模板不应伸到柱模板的开口里面。

（3）模板安装好后应卡紧撑牢，不得发生不允许的下沉与变形。

（4）现浇结构模板安装偏差应符合规范要求。

（5）固定在模板上的预埋件和预留孔洞不得遗漏，应安装牢固、位置准确，偏差符合规范要求。

模板安装工程质量标准与检验方法见表 3-2-10。

表 3-2-10　模板安装工程质量标准与检验方法

类别	序号	检验项目	质量标准	单位	检验方法
主控项目	1	模板及其支架	应根据工程结构形式、荷载大小、地基土类别、施工设备和材料供应等条件进行设计。应具有足够的承载能力、刚度和稳定性，能可靠地承受浇筑混凝土的重力、侧压力及施工荷载		对照模板设计文件和施工技术方案观察和手摇动检查
	2	避免隔离剂沾污	在涂刷模板隔离剂时，不得沾污钢筋和混凝土接槎处		观察检查
	3	预埋件、预留孔（洞）	齐全、正确、牢固，预埋件制作应符合有关规定		观察和手摇动检查
一般项目	1	模板安装的一般要求	（1）模板的接缝不应漏浆；在浇筑混凝土前，木模板应浇水湿润，但模板内不应有积水 （2）模板与混凝土的接触面应清理干净并涂刷隔离剂，但不得采用影响结构性能或妨碍装饰工程施工的隔离剂 （3）浇筑混凝土前，模板内的杂物应清理干净		观察检查
	2	底模、胎模和用作底模的地坪	应平整光洁，不得产生影响结构质量的下沉、裂缝、起砂或起鼓		观察检查
	3	截面尺寸偏差　基础	± 10	mm	钢尺检查
	4	侧模垂直度	≤ 2	mm	吊线和钢尺检查
	5	相邻模板表面高低差	≤ 1	mm	钢尺检查
	6	模板表面平整度	≤ 2	mm	2 m 靠尺和楔形塞尺检查
	7	框架底模水平度	≤ 10	mm	水准仪检查
	8	预埋插筋位移	± 10	mm	钢尺检查
	9	预埋插筋外露长度偏差	+10 ~ 0	mm	钢尺检查

5. 验收方法

（1）主控项目

（2）一般项目

6. 场地平面布置图

请绘制场地平面布置图（见图 3-2-3）。

图 3-2-3　场地平面布置图

7. 施工进度计划

根据本任务要求，采用横道图方式编制施工进度计划，如图 3-2-4 所示。

图 3-2-4　施工进度计划

 评价与分析

根据各组成员在本活动学习过程中的表现填写“学习任务过程性考核记录表”（见附录）。

学习活动 3
审定板模板制作与安装方案

学习目标

1. 会审核模板制作与安装方案的完整性和科学性。
2. 会检查相关材料、工具与设备是否符合要求。
3. 会对板模板制作与安装方案进行修改完善。

建议学时

2 学时。

学习过程

一、讨论评价板模板施工方案

各组代表上台展示各组编制的板模板施工方案，教师会同其他组成员对模板施工方案的内容进行第一次审定，并将修改意见填写在方案中，由各组组长组织组内成员认真阅读，参照意见修改方案，最后填入表 3-3-1 中。

表 3-3-1　板模板施工方案审查单（一审）

<table>
<tr><td>任务
名称</td><td></td><td colspan="2">工作任务
起止日期</td><td></td><td>制定方案
日期</td><td></td></tr>
<tr><td>序号</td><td>所需修改内容</td><td>页次</td><td colspan="2">修改意见</td><td>负责人</td><td>参与人员</td></tr>
<tr><td>1</td><td></td><td></td><td colspan="2"></td><td></td><td></td></tr>
<tr><td>2</td><td></td><td></td><td colspan="2"></td><td></td><td></td></tr>
</table>

续表

序号	所需修改内容	页次	修改意见	负责人	参与人员
3					
4					
5					

二、第二次审定

各组互换方案审查，小组代表汇报审核意见，并会同教师对小组提交的修改方案进行审定并确定最终实施方案，填入表 3-3-2 中。

表 3-3-2　板模板施工方案审查单（二审或终审）

任务名称		工作任务起止日期		制定方案日期	
序号	所需修改内容	页次	修改意见	负责人	参与人员
1					
2					
3					
4					
5					

教师审核意见：

教师（签名）：　　　　决策人（签名）：

年　月　日

评价与分析

根据各组成员在本活动学习过程中的表现填写“学习任务过程性考核记录表”（见附录）。

学习活动 4
实施板模板制作与安装方案

学习目标

1. 能根据结构施工图图纸、质量验收规范实施组合模板工程技术与安全交底，填写分项工程“技术交底记录”。

2. 能根据模板施工图合理选用设备进行模板下料和切割加工。

3. 能正确选取工器具，完成组合式楼板模板的拼装及加固。

建议学时

12 学时。

学习过程

一、施工前准备

1. 查看现场，设置必要的安全隔离防护设施和安全标志，清理场地，准备现场工作环境，并将安全隔离防护设施和安全标志设置情况记录在表 3-4-1 中。

表 3-4-1　安全隔离防护设施和安全标志设置情况

安全隔离防护设施和安全标志	位置	目的

2. 各组成员按世赛标准穿戴劳动防护用品，由各组组长为组员打分并评论组员劳动防护用品是否已经正确佩戴或使用。教师结合世赛中关于劳动防护用品的使用要求对每个小组进行评价，并完成表 3-4-2，各组根据教师意见进行统一整改。

表 3-4-2　劳动防护用品评分表

班组：__________　　　　指导教师：__________

项目	评分		得分	整改意见
安全帽	合格	0		
	不合格	1		
安全鞋	合格	0		
	不合格	1		
安全服饰	合格	0		
	不合格	1		
手套	合格	0		
	不合格	1		
护目镜	合格	0		
	不合格	1		
口罩	合格	0		
	不合格	1		

3. 根据板模板制作与安装要求，进行现场安全、技术交底工作，并完成表 3-4-3。

表 3-4-3　技术交底记录

<table>
<tr><td rowspan="2">工程名称</td><td rowspan="2"></td><td>编号</td><td></td></tr>
<tr><td>交底日期</td><td></td></tr>
<tr><td>施工单位</td><td></td><td>分项工程名称</td><td></td></tr>
<tr><td>交底摘要</td><td></td><td>页数</td><td>共　　页，第　　页</td></tr>
<tr><td colspan="4">交底内容：</td></tr>
</table>

<table>
<tr><td rowspan="2">签字栏</td><td>交底人</td><td></td><td>审核人</td><td></td></tr>
<tr><td>接受交底人</td><td colspan="3"></td></tr>
</table>

二、填写板模板施工所需材料与工具清单并领用

在施工前，回顾板模板施工工艺步骤与施工图，填写“材料与工具领用清单一览表”（见表 3-4-4）。以小组为单位，按仓库管理要求领取所需材料与工具。

表 3-4-4　材料与工具领用清单一览表

序号	材料或工具名称	单位	数量	备注
1				
2				
3				
4				
5				
6				
7				
8				
9				
10				

三、实施板模板制作与安装作业

1. 板模板制作施工过程

各组分别由一位世赛项目选手辅助进行板模板加工制作，在世赛项目选手引导下完成整个工作任务。查阅相关资料并总结板模板加工制作步骤、应注意事项及要点，并完成表 3-4-5。

表 3-4-5　板模板加工制作步骤、应注意事项及要点

事项	序号及说明	应注意事项及要点	附照片
加工制作步骤	1.		
	2.		
	3.		
	4.		
	5.		
	6.		
	7.		
	8.		

2. 板模板安装施工过程

各组分别由一位世赛项目选手辅助进行板模板安装，在世赛项目选手引导下完成整个工作任务。查阅相关资料并总结板模板安装步骤、应注意事项及要点，并完成表 3-4-6。

表 3-4-6　板模板安装步骤、应注意事项及要点

事项	序号及说明	应注意事项及要点	附照片
安装步骤	1.		
	2.		
	3.		
	4.		
	5.		
	6.		
	7.		
	8.		

3. 施工现场清理及成品保护

施工完毕并自检，做好成品保护。应按混凝土结构工程施工规范和施工现场“7S”管理标准清点、整理工具，收集剩余材料，归置物品，清理现场，拆除防护措施。

（1）查阅相关资料，试描述板模板成品保护要点。

____
____
____
____
____
____
____
____

（2）本任务施工完毕后，应进行哪些清点和清理工作?

____
____
____
____
____
____
____
____

评价与分析

根据各组成员在本活动学习过程中的表现填写“学习任务过程性考核记录表”（见附录）。

学习活动 5
板模板制作与安装质量检查

学习目标

1. 能严格按照《混凝土结构工程施工规范》(GB 50666—2011)、《世界技能标准规范》(WSSS)、《混凝土结构工程施工质量验收规范》(GB 50204—2015)等规范要求对楼板模板实施质量检查。

2. 能初步发现并记录常见楼板模板施工质量问题并取证，填写质量处理记录，向施工作业班组通报质量检查意见并跟踪不合格项整改。

建议学时

4 学时。

学习过程

一、实施板模板施工质量检查

1. 实施施工过程质量检查，若发现隐患，签发“施工质量隐患检查整改通知单”(见表 3-5-1)，责令施工班组整改。

表 3-5-1　施工质量隐患检查整改通知单

通知单编号：

<table>
<tr><td>项目名称</td><td></td><td>检查日期</td><td>年　　月　　日</td></tr>
<tr><td>存在问题和整改内容</td><td colspan="3">检查人：　　　　　　　　　　接受人：
日　期：　年　月　日　　　　日　期：　年　月　日
（此页填写应根据实际情况手写并立即下发）</td></tr>
<tr><td>整改期限</td><td colspan="3">限　　日内整改完毕，否则将按照合同及有关条款约定，给予处罚。</td></tr>
<tr><td>复查意见</td><td colspan="3">复查人：
日　期：　年　月　日</td></tr>
<tr><td>备注</td><td colspan="3">1. 本检查整改通知必须明确限期整改时间和复查效果，并明确复查意见，即是否达到整改要求，对未达到要求的采取处理措施，如加倍罚款、停工等。
2. 发放范围：施工总包单位或需要整改的分包单位。
3. 本通知及附页共　　页。</td></tr>
</table>

2. 对上述质量隐患进行复查，填写“施工不合理处置及改进意见”（见表 3-5-2）。

表 3-5-2　施工不合理处置及改进意见

序号	工作内容	不合格项描述	不合格项原因分析	改进意见
1	模板加工及制作			
2	模板拼装及加固			

二、测评

测评共分为模块 A、模块 B、模块 C 和模块 D 四个模块。

1. 在整个施工过程中，各组选派一名代表作为巡查员，教师组织巡查员按照世赛要求对各组工作组织与沟通能力进行评价，具体评分标准详见表 3-5-3 中的模块 A。

2. 在板模板下料放样结束后，教师组织巡查员对各个工位的模板下料尺寸进行测评，具体评分标准详见表 3-5-3 中的模块 B。

3. 在板模板下料加工结束后，教师组织巡查员对各个工位的模板制作后尺寸进行测评，具体评分标准详见表 3-5-3 中的模块 C。

4. 在板模板安装结束后，教师组织巡查员对各个工位的模板成型尺寸进行测评，具体评分标准详见表 3-5-3 中的模块 D。

表 3-5-3　评分标准

评分标准		评分子标准			评分特征		评分类型 M= 测量 J= 评价	最大分值
编号	名称	编号	评分日	描述	编号	描述		
A	工作组织与沟通能力	A1	第一天	工作组织	A1.01	戴安全帽，安全鞋和手套正确使用	M	2.00
					A1.02	工完料清，工作结束后清理工作区，无废料和垃圾堆放	J	2.00
		A2	第一天	沟通能力	A2.01	不大声喧哗，工作场所不混乱	J	2.00
					A2.02	对队友信任，积极沟通	J	1.50
		A3	第二天	工作组织	A3.01	戴安全帽，安全鞋和手套正确使用	M	2.00
					A3.02	工完料清，工作结束后清理工作区，无废料和垃圾堆放	J	2.00
		A4	第二天	沟通能力	A4.01	不大声喧哗，工作场所不混乱	J	2.00
					A4.02	对队友信任，积极沟通	J	1.50
B	识图与模板配板	B1	第一天	下料计算	B1.01	龙骨	M	2.00
					B1.02	胶合板	M	2.00
					B1.03	构配件	M	2.00

续表

评分标准		评分子标准			评分特征		评分类型 M= 测量 J= 评价	最大分值
编号	名称	编号	评分日	描述	编号	描述		
B	识图与模板配板	B2	第一天	下料	B2.01	龙骨长度 1	M	1.00
					B2.02	龙骨长度 2	M	1.00
					B2.03	龙骨长度 3	M	1.00
					B2.04	胶合尺寸 1	M	1.00
					B2.05	胶合尺寸 2	M	1.00
					B2.06	胶合尺寸 3	M	1.00
					B2.07	配件选用 1	M	1.00
					B2.08	配件选用 2	M	1.00
					B2.09	配件选用 3	M	1.00
C	模板加工	C1	第一天	板模板加工尺寸	C1.01	板模板加工尺寸 1	M	5.0
					C1.02	板模板加工尺寸 2	M	5.0
					C1.03	板模板加工尺寸 3	M	5.0
					C1.04	板模板加工尺寸 4	M	5.0
					C1.05	板模板加工尺寸 5	M	5.0

续表

评分标准		评分子标准			评分特征		评分类型 M= 测量 J= 评价	最大分值
编号	名称	编号	评分日	描述	编号	描述		
D	模板安装	D1	第二天	板模板安装	D1.01	模板及其支架 1	M	1.50
					D1.02	模板及其支架 2	M	1.50
					D1.03	模板及其支架 3	M	1.50
					D1.04	避免隔离剂沾污	M	1.50
					D1.05	预埋件、预留孔（洞）	M	1.50
		D2	第二天	板面标高	D2.01	位置 1	M	1.50
					D2.02	位置 2	M	1.50
					D2.03	位置 3	M	1.50
					D2.04	位置 4	M	1.50
					D2.05	位置 5	M	1.50
		D3	第二天	相邻模板表面高低差	D3.01	位置 1	M	1.50
					D3.02	位置 2	M	1.50
					D3.03	位置 3	M	1.50
					D3.04	位置 4	M	1.50
					D3.05	位置 5	M	1.50

续表

评分标准		评分子标准			评分特征		评分类型 M= 测量 J= 评价	最大分值
编号	名称	编号	评分日	描述	编号	描述		
D	模板安装	D4	第二天	截面尺寸偏差	D4.01	位置 1	M	1.50
					D4.02	位置 2	M	1.50
					D4.03	位置 3	M	1.50
					D4.04	位置 4	M	1.50
					D4.05	位置 5	M	1.50
		D5	第二天	模板表面平整度	D5.01	位置 1	M	2.50
					D5.02	位置 2	M	2.50
					D5.03	位置 3	M	2.50
					D5.04	位置 4	M	2.50
					D5.05	位置 5	M	2.50
					D5.06	位置 6	M	2.50
		D6	第二天	框架底模水平度	D6.01	位置 1	M	2.00
					D6.02	位置 2	M	2.00
					D6.03	位置 3	M	2.00
					D6.04	位置 4	M	2.00
		D7	第二天	预埋件位移	D7.01	位置 1	M	1.00
					D7.02	位置 2	M	1.00
		D8	第二天	模板安装一般要求	D8.01	模板的接缝不应漏浆，模板内的杂物应清理干净	J	5.00

三、结果分析

对照评分表，分析误差产生原因，并及时讨论调整减小误差的方法，完成表 3-5-4。

表 3-5-4　测评结构分析表

<table>
<tr><th>编号</th><th>名称</th><th>描述</th><th>误差</th><th>误差产生原因分析</th><th>减小误差方法</th></tr>
<tr><td rowspan="2">A</td><td rowspan="2">工作组织与沟通能力</td><td>工作组织</td><td></td><td></td><td></td></tr>
<tr><td>沟通能力</td><td></td><td></td><td></td></tr>
<tr><td rowspan="2">B</td><td rowspan="2">识图与模板配板</td><td>下料计算</td><td></td><td></td><td></td></tr>
<tr><td>下料</td><td></td><td></td><td></td></tr>
<tr><td>C</td><td>模板加工</td><td>板模板加工尺寸</td><td></td><td></td><td></td></tr>
<tr><td rowspan="10">D</td><td rowspan="10">模板安装</td><td rowspan="2">板模板安装</td><td rowspan="2"></td><td rowspan="2"></td><td></td></tr>
<tr><td></td></tr>
<tr><td>板面标高</td><td></td><td></td><td></td></tr>
<tr><td>相邻模板表面高低差</td><td></td><td></td><td></td></tr>
<tr><td>截面尺寸偏差</td><td></td><td></td><td></td></tr>
<tr><td>模板表面平整度</td><td></td><td></td><td></td></tr>
<tr><td>框架底模水平度</td><td></td><td></td><td></td></tr>
<tr><td>预埋件位移</td><td></td><td></td><td></td></tr>
<tr><td>模板安装一般要求</td><td></td><td></td><td></td></tr>
</table>

评价与分析

根据各组成员在本活动学习过程中的表现填写“学习任务过程性考核记录表”（见附录）。

学习活动 6 板模板制作与安装总结

学习目标

1. 能正确核算成本。
2. 能对学习与工作进行反思总结，并正确、规范地撰写工作总结。

建议学时

2 学时。

学习过程

一、板模板制作与安装成果的验收及评价

1. 成果验收

（1）完成板模板制作与安装后，将板模板施工任务单交付验收人验收，按表 3-6-1 所列的验收标准进行验收，并填写验收意见。

表 3-6-1　板模板施工验收标准

序号	验收项目	验收标准	客户意见	权重（%）	教师评分
1					
2					
3					
4					
5					

续表

序号	验收项目	验收标准	客户意见	权重（%）	教师评分
6					
7					
8					

（2）记录验收过程中存在的问题，小组讨论解决问题的方法，并填入表 3-6-2。

表 3-6-2　验收过程问题记录表

序号	验收过程中存在的问题	改进和完善措施	完成时间	备注
1				
2				
3				
4				
5				

（3）板模板成品验收结束后，整理材料和工具，归还领用物品，并填写表 3-6-3“板模板成品交付清单”。

表 3-6-3　板模板成品交付清单

<table>
<tr><td>任务名称</td><td colspan="3"></td><td>接单日期</td><td></td></tr>
<tr><td>工作地点</td><td colspan="3"></td><td>交付日期</td><td></td></tr>
<tr><td rowspan="2">三方评价结果
（百分制）</td><td>自我评价</td><td>小组评价</td><td>项目负责人评价</td><td rowspan="2">验收结论
（百分制）</td><td rowspan="2"></td></tr>
<tr><td></td><td></td><td></td></tr>
</table>

材料及工具归还清单

序号	材料及工具名称	型号和规格	数量	备注
1				
2				
3				
4				
5				

续表

序号	材料及工具名称	型号和规格	数量	备注
6				
7				
8				
项目负责人（签名）： 年　月　日		团队负责人（签名）： 年　月　日		

2. 小组评价

以小组为单位，选择演示文稿、展板、海报、视频等形式中的一种或几种，向全班展示板模板制作与安装作业成果。在展示的过程中，以小组为单位进行评价；评价完成后，根据其他小组成员对本组展示成果的评价意见进行归纳总结。

3. 教师评价

认真听取教师对本组展示成果优缺点及在完成工作过程中出现的亮点和不足的评价意见，并做好记录。

（1）教师对本组展示成果优点的点评。

____

____

____

____

____

____

（2）教师对本组展示成果缺点及改进方法的点评。

____

____

____

____

____

____

（3）教师对本组在整个任务完成过程中出现的亮点和不足的点评。

二、核算成本

填写表 3-6-4“板模板制作与安装成本核算单”，并与其他小组进行比较，成本最低者可获得加分。

表 3-6-4　板模板制作与安装成本核算单

序号	材料名称	价格	购买途径或网址
1			
2			
3			
4			
5			

三、板模板制作与安装工作过程回顾及总结

1. 总结完成板模板制作与安装施工任务过程中遇到的问题和困难，列举 2 ~ 3 点你认为值得分享的工作经验。

2. 回顾本学习任务的工作过程，对新学专业知识和技能进行归纳和整理，写一篇不少于 800 字的工作总结。

 评价与分析

按照客观、公正和公平的原则，在教师的指导下按自我评价、小组评价和教师评价三种方式对自己或他人在本学习任务中的表现进行综合评价。综合等级按A（90 ~ 100）、B（75 ~ 89）、C（60 ~ 74）、D（0 ~ 59）四个级别进行填写。学习任务综合评价表见表 3-6-5。

表 3-6-5　学习任务综合评价表

<table>
<tr><th rowspan="2">考核项目</th><th rowspan="2">评价内容</th><th rowspan="2">配分</th><th colspan="3">评价分数</th></tr>
<tr><th>自我评价</th><th>小组评价</th><th>教师评价</th></tr>
<tr><td rowspan="6">职业素养</td><td>劳动防护用品穿戴整齐，仪容仪表符合工作要求</td><td></td><td></td><td></td><td></td></tr>
<tr><td>安全意识、责任意识强</td><td></td><td></td><td></td><td></td></tr>
<tr><td>积极参加教学活动，按时完成各项学习任务</td><td></td><td></td><td></td><td></td></tr>
<tr><td>团队合作意识强，善于与人交流和沟通</td><td></td><td></td><td></td><td></td></tr>
<tr><td>自觉遵守劳动纪律，尊敬师长，团结同学</td><td></td><td></td><td></td><td></td></tr>
<tr><td>爱护公物，节约材料，现场符合“7S”管理标准</td><td></td><td></td><td></td><td></td></tr>
<tr><td rowspan="3">专业能力</td><td>专业知识扎实，有较强的自学能力</td><td></td><td></td><td></td><td></td></tr>
<tr><td>操作积极，训练刻苦，具有一定的动手能力</td><td></td><td></td><td></td><td></td></tr>
<tr><td>技能操作规范，认真选取原料，注重工艺安全，工作效率高</td><td></td><td></td><td></td><td></td></tr>
<tr><td rowspan="2">工作成果</td><td>施工流程符合工艺规范，制作与安装满足施工要求</td><td></td><td></td><td></td><td></td></tr>
<tr><td>工作总结符合要求，制作与安装质量高</td><td></td><td></td><td></td><td></td></tr>
<tr><td colspan="2">总分</td><td></td><td></td><td></td><td></td></tr>
<tr><td>总评</td><td>自我评价 ×20% + 小组评价 ×20% + 教师评价 ×60% =</td><td>综合等级</td><td></td><td colspan="2">教师（签名）：</td></tr>
</table>

学习任务四
梁模板制作与安装

学习目标

1. 能根据工作情景描述，明确任务要求，填写梁模板制作与安装任务单。

2. 了解梁模板的分类，能分析梁模板各部分的组成及作用。

3. 能识读常见模板翻样图，根据项目中梁的尺寸、形状，选用模板及计算对应的材料用量。

4. 掌握工器具的正确使用方法，能正确选取工具和设备等。

5. 能利用学习资料，与小组成员合作制作“梁模板制作与安装技术交底记录表”。

6. 通过查阅资料，明确梁模板的施工工艺流程，能制订并展示梁模板制作与安装施工工作计划，能制定本任务的施工方案。

7. 熟悉模板下料、拼装、加固、拆模等的施工，能进行测量定位、模板的拼装，完成梁模板制作、安装和拆除，进行质量检测并记录。

8. 能以小组为单位，自检、互检、专检材料、工具、计划并审定梁模板施工方案，确定可实施的方案。

9. 能对常见模板施工进行质量检查，并完成交付验收工作。

10. 能按照施工规范和施工现场“7S”管理标准，在作业完毕后清点、整理工具，收集剩余材料，归置物品，清理工程垃圾，拆除防护设施。

11. 能对照世赛标准，检查记录与图纸原始数据之间的误差，分析原因并形成记录，提出整改意见。

建议学时

30 学时。

工作流程与活动

学习活动 1　获取梁模板制作与安装信息（4 学时）

学习活动 2　制定梁模板制作与安装方案（6 学时）

学习活动 3　审定梁模板制作与安装方案（6 学时）

学习活动 4　实施梁模板制作与安装方案（6 学时）

学习活动 5　梁模板制作与安装质量检查（6 学时）

学习活动 6　梁模板制作与安装总结（2 学时）

工作情景描述

某样板房项目将进行简支梁施工，现需要模板工根据梁模板施工图加工简支梁模板。

施工人员从工程项目部领取梁结构施工图和任务书，通过阅读任务书，了解任务要求，明确施工流程、内容和规范，根据梁模板施工图纸明确梁模板信息（长度、宽度、高度、模板类型，如何下料、拼装及加固等）、精度等要求，制定梁模板施工方案；查看施工现场，明确施工场地条件，根据施工图确定所需材料，准备所需切割机和其他设备，进行梁模板翻样、下料、拼装、加固，并进行自检和互检，形成记录，向工程项目部反馈并存档，最后将所有技术文档上交项目经理。

学习活动1 获取梁模板制作与安装信息

学习目标

1. 阅读工作情景描述，明确任务要求，填写梁模板施工工作单。

2. 能识读梁模板的施工图，了解梁模板的分类，并能分析梁模板各部分的组成及作用。

3. 能查阅有关规范和标准，了解模板制作质量检验项目及加工允许偏差值。

4. 能根据施工现场“7S”管理标准描述梁模板制作与安装的现场管理工作范畴。

建议学时

4学时。

学习过程

一、填写工作单

1. 阅读工作情景描述，用荧光笔在任务书中画出关键词，并将关键词摘录至下，其中需要进一步了解的词用星号标注出来。

____

____

____

____

2. 查阅相关资料，根据实际情况填写“梁模板制作与安装施工工作单”（见表 4-1-1）。

表 4-1-1 梁模板制作与安装施工工作单

<table>
<tr><td>任务名称</td><td colspan="3"></td><td>接单日期</td><td></td></tr>
<tr><td>工作地点</td><td colspan="3"></td><td>任务周期</td><td></td></tr>
<tr><td>工作内容</td><td colspan="5"></td></tr>
<tr><td>提供工具、材料</td><td colspan="5"></td></tr>
<tr><td>施工项目</td><td colspan="5"></td></tr>
<tr><td>项目负责人姓名</td><td></td><td>联系电话</td><td></td><td>验收日期</td><td></td></tr>
<tr><td>团队负责人姓名</td><td></td><td>联系电话</td><td></td><td>团队名称</td><td></td></tr>
<tr><td>备注</td><td colspan="5"></td></tr>
</table>

二、分析梁模板组成

小组合作，查阅资料，阅读结构施工图图纸，明确任务相关信息，分析梁模板的组成。主要阅读综合实训场馆项目结构设计说明、梁结构平面布置施工图和相关详图。

1. 查阅资料，阅读图纸，回答下面与梁 KL1 有关的问题。

（1）模板的分类有哪些？

（2）各种类型模板的优缺点分别是什么？

____

____

____

____

____

____

（3）组合模板是一种工具式模板，是工程施工用得最多的一种模板。简述组合模板的组成。

____

____

____

（4）图纸中，梁 KL1 所在轴线位置为（　　），梁的高度为（　　）mm，梁的宽度为（　　）mm，梁的混凝土强度等级为（　　），混凝土保护层为（　　）mm。

（5）简述梁内的钢筋类型。

____

____

____

2. 阅读图纸，根据任务要求编写梁模板的组成及作用（见表 4-1-2）。

表 4-1-2　梁模板的组成及作用

构造名称	作用
侧模板	
底模板	
立柱（桁架承托）	

小提示

梁模板的组成

梁模板的组成如图 4-1-1 所示。

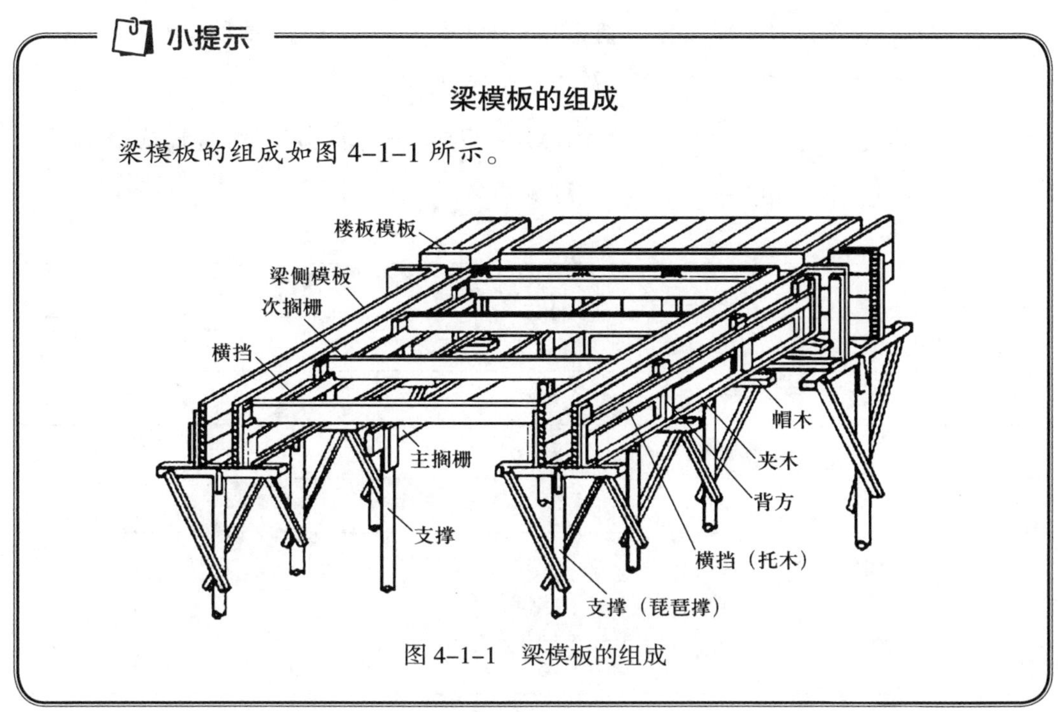

图 4-1-1　梁模板的组成

三、查阅规范、标准，完成问题

查阅《混凝土结构工程施工规范》（GB 50666—2011）、《组合钢模板技术规范》（GB/T 50214—2013）、《建筑施工模板安全技术规范》（JGJ 162—2008）、《混凝土结构工程施工质量验收规范》（GB 50204—2015）、《世界技能标准规范》（WSSS）等资料。

学生根据收集及查询到的信息，回答以下问题。

1. 现浇钢筋混凝土梁，当跨度大于或等于（　　）m 时，模板应起拱。

A. 3　　B. 4　　C. 5　　D. 6

2. 以下关于模板安装的质量控制要点的描述，正确的是（　　）。

A. 竖向模板和支架的支撑部分必须坐落在坚实的基土上，并应加设垫板，使其有足够的支撑面积

B. 模板在安装过程中应多检查，注意垂直度、中心线、标高及部位的尺寸，保证结构部分的几何尺寸和相邻位置的正确

C. 现浇多层房屋和构筑物支模时采用分段分层方法，下层混凝土须达到足够的强度以承受上层荷载，且上、下立柱对齐，并铺设垫板

D．现浇钢筋混凝土梁、板，当跨度大于或等于 4 m 时，模板应起拱；当设计无要求时，起拱高度宜为全跨长的 8/1 000 ~ 9/1 000

E．固定在模板上的预埋件和预留洞不得遗漏，安装必须牢固，且位置准确

3．模板起拱的目的是什么？

____

____

____

____

____

____

4．梁底模板的起拱要求是什么？

____

____

____

____

____

____

小词典

组合钢模板

组合钢模板由钢模板和配件两大部分组成，它可以拼成不同尺寸、不同形状的模板（见图 4–1–2），以适应基础、柱、梁、板、墙施工的需要。组合钢模板尺寸适中，轻便灵活，装拆方便，既适用于人工装拆，也可预拼成大模板、台模等，然后用起重机吊运安装。

1．**钢模板**

钢模板有通用模板和专用模板两类。通用模板包括平面模板、阴角模板、阳角模板和连接角模。专用模板包括倒棱模板、梁液模板、柔性模板、搭接模板、可调模板及嵌补模板。

常用的平面模板由面板、边框和纵横肋构成。边框与面板常用 2.5 ~ 3.0 mm 厚

钢板冷轧冲压整体成型，纵横肋用 3 mm 厚扁钢与面板及边框焊成。为了便于连接，边框上有连接孔，边框的长向及短向其孔距一致，以便横竖都能拼接。平面模板的长度有 1 800 mm、1 500 mm、1 200 mm、900 mm、750 mm、600 mm 和 450 mm 七种规格，宽度有 100 ~ 600 mm（以 50 mm 进级）十一种规格，因而可组成不同尺寸的模板。在构件接头处（如柱与梁接头）及一些特殊部位，可用专用模板嵌补。不足模数的空缺也可用少量木模补缺，用钉子或螺栓将方木与平面模板边框孔洞连接。角模又分阴角模板、阳角模板及连接角模，阴、阳角模板用以成型混凝土结构的阴、阳角，连接角模用作两块平面模板拼成 90° 角的连接件。

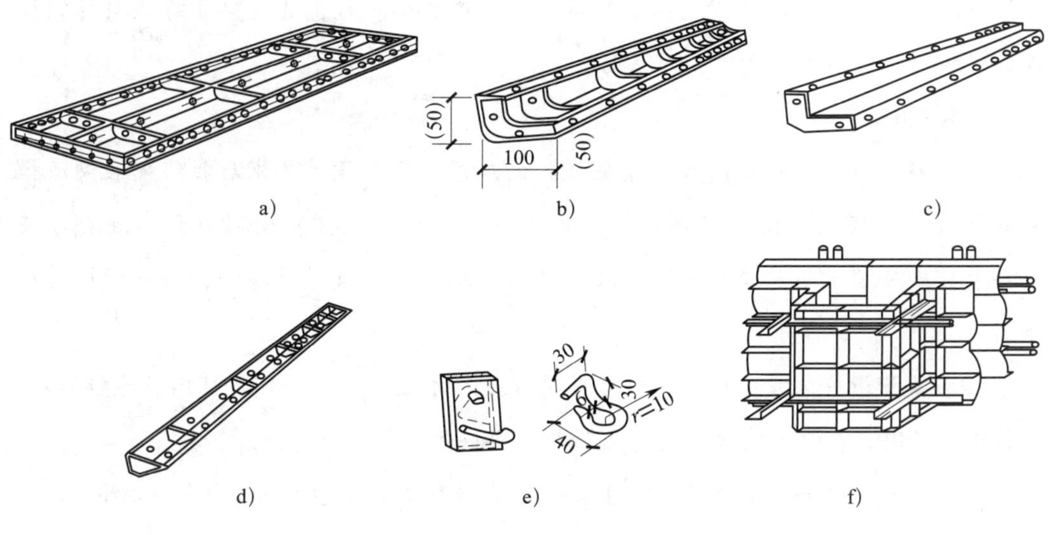

图 4-1-2　组合钢模板

a）平面模板　b）阴角模板　c）阳角模板　d）连接角模

e）U 形卡　f）附墙柱模

2. 钢模配板

采用组合钢模时，同一构件的模板展开可用不同规格的钢模做多种方式的组合排列，从而形成不同的配板方案。配板方案对支模效率、工程质量和经济效益都有一定影响。合理的配板方案应满足以下条件：钢模块数少，木模嵌补量少，并能使支撑件布置简单、受力合理。

钢模配板原则如下：

（1）优先采用通用规格及大规格的模板。这类模板整体性好，还可以减少装拆工作。

（2）合理排列。模板宜以其长边沿梁、板、墙的长度方向或柱的方向排列，以方便使用长度规格大的钢模，并扩大钢模的支撑跨度。如果结构的宽度恰好是钢模长度的整倍数，也可将钢模的长边沿结构的短边排列。模板端头接缝宜错开布置，以提高模板的整体性，并使模板在长度方向易保持平直。

（3）合理使用角模。对无特殊要求的阳角，可不用阳角模板，而用连接角模代替。阴角模板宜用于长度大的阴角，柱头、梁口及其他短边转角（阴角）处可用方木嵌补。

（4）便于模板支撑件（钢楞或桁架）的布置。当预拼装大模板的面积较方整或钢模端头接缝集中在一条线上时，直接支撑钢模的钢楞其间距布置要考虑接缝位置，应使每块钢模都有两道钢楞支撑。对端头错缝连接的模板，其直接支撑钢模的钢楞或桁架的间距可不受接缝位置的限制。

3. 梁模板

（1）在支柱上定标高时预留梁底模板的厚度，符合设计要求后拉线安装梁底模板并找直，底模上应拼上连接角模，两侧模板与底板连接角模用U形卡连接。使用梁卡具或安装上下锁口楞、腰楞及外竖楞，辅以斜撑或对拉螺栓，确保模板支撑牢固。

（2）梁模板安装完成后，复核检查梁模板尺寸无误后，相邻梁柱模板连接固定。有楼板模板时，在梁上连接阴角模板，与板模板拼接固定。

（3）梁柱接头模板的连接特别重要，必要时可用专门加工的梁柱接头模板。

（4）当梁底模板采用桁架支撑时，要按事先设计的要求设置，考虑桁架的横向刚度，上下弦设水平连接，拼接桁架的螺栓拧紧，数量满足要求。

四、查阅资料，完成有关表格

1. 查阅相关资料，在表4-1-3中填写每个检验项目的质量标准、抽检数量和检验方法。

表4-1-3　模板制作质量检验项目

项目名称	质量标准	抽检数量	检验方法
平面尺寸			
板面平整度			
对角线长			
模板翘曲			

续表

项目名称	质量标准	抽检数量	检验方法
孔眼位置			
模板边平直			
灰缝			
允许偏差			

2. 填写模板加工的允许偏差（见表 4-1-4）。

表 4-1-4　模板加工允许偏差

项目		允许偏差值	检验方法	检查数量
轴线位移				
底模上表面标高				
截面模内尺寸				
层高垂直度	≤ 5 m			
	> 5 m			
相邻两板表面高低差				
表面平整度				
预埋铁件中心线位移				
预埋管、螺栓	中心线位移			
	螺栓外露长度			
预留孔洞	中心线位移			
	尺寸			
门窗洞口	中心线位移			
	宽、高			
	对角线			
插筋	中心线位移			
	外露长度			

五、施工现场“7S”管理标准

“7S”管理是现代建筑施工现场行之有效的管理理念，它不仅能提高工作效率，保证产品质量，降低生产成本，保持工作环境整洁有序，保证施工安全，而且能提高施工人员的责任心。

查阅相关资料，在表 4-1-5 中填写梁模板制作与安装“7S”管理工作范畴。

表 4-1-5　梁模板制作与安装“7S”管理工作范畴

内容	含义与目的	梁模板制作与安装工作范畴
整理（SEIRI）	将工作场所的物品区分为有必要的物品和没有必要的物品，有必要的物品留下来，其他的都清除 腾出空间，空间活用，防止误用，创设整洁的工作场所	
整顿（SEITON）	把留下来的必要物品整齐摆放在规定位置，并加以标识 工作场所一目了然，节约寻找物品的时间，创设整齐的工作环境，消除过多的积压物品	
清扫（SEISO）	将工作场所内看得见与看不见的地方清扫干净，保持工作场所洁净 稳定品质，减少工业伤害	
清洁（SEIKETSU）	将整理、整顿、清扫进行到底，并制度化，保持环境美观的状态 创设明朗现场，维持以上“3S”成果	
素养（SHITSUKE）	每一位成员养成良好的习惯，并遵守规则，培养积极主动的精神（也称习惯性） 培养具有良好习惯、遵守规则的员工，培养团队精神	
安全（SECURITY）	重视成员的安全教育，树立“安全第一”的观念，防患于未然 建立安全生产的环境，所有的工作应以安全为前提	
节约（SAVING）	合理利用时间、空间、能源等，发挥它们的最大效能 创造高效率的、物尽其用的工作氛围	

 评价与分析

根据各组成员在本活动学习过程中的表现填写“学习任务过程性考核记录表”（见附录）。

学习活动 2
制定梁模板制作与安装方案

学习目标

1. 能根据梁模板的设计要求，合理选择梁模板施工材料，并填写“材料性能一览表”。

2. 能正确选取常用的手工工具、测量工具和机械设备等。

3. 利用学习资料，与小组成员合作，制作“梁模板制作与安装技术交底记录表”。

4. 能通过查阅资料，制订并展示梁模板制作与安装施工工作计划，制定本任务的施工方案。

建议学时

6 学时。

学习过程

一、引导问题

阅读《混凝土结构工程施工规范》(GB 50666—2011)、《组合钢模板技术规范》(GB/T 50214—2013)、《建筑施工模板安全技术规范》(JGJ 162—2008)、《混凝土结构工程施工质量验收规范》(GB 50204—2015)、《世界技能标准规范》(WSSS) 等资料中关于模板制作与安装施工工艺文件和规范的内容，完成下列任务。

1. 梁模板制作常用材料包括模板、方木、钢管、PVC 套管、对拉螺栓、铁钉等。请查阅相关资料，将模板制作的相关材料名称、规格、数量等填入表 4-2-1 中。

表 4-2-1 材料性能一览表

材料名称	规格	数量	备注

2. 常用工具包括手工工具（锤子、手锯、撬棍、手刨、活动扳手、墨斗、地规等）和测量工具（钢卷尺、线锤、测距仪、塞尺、水平尺、角度尺、投线仪等）。请将常用工具名称、类别、作用等填入表 4-2-2 中。

表 4-2-2 常用工具一览表

工具名称	类别	作用

3. 将常用设备名称、类别和作用填入表 4-2-3 中。

表 4-2-3 常用设备一览表

设备名称	类别	作用

二、制作梁模板制作与安装技术交底记录

查阅相关资料，根据梁模板制作与安装施工规范要求，与小组成员合作，制作一份“梁模板制作与安装技术交底记录表”（见表 4-2-4），交底内容包括材料要求、主要工量具、作业条件、操作工艺等。

表 4-2-4　梁模板制作与安装技术交底记录表

工程名称	某住宅楼	建设单位	
监理单位	××× 监理公司	施工单位	××× 建筑公司
交底部位	模板工程搭设施工	交底日期	
交底人签字			
交底内容： 接受人签字：			

三、制作梁模板制作与安装安全交底记录

查阅相关资料，根据梁模板制作与安装施工规范要求，与小组成员合作，制作一份“梁模板制作与安装安全交底记录表”（见表 4-2-5）。

表 4-2-5　梁模板制作与安装安全交底记录表

<table>
<tr><td>工程名称</td><td>某住宅楼</td><td>建设单位</td><td></td></tr>
<tr><td>监理单位</td><td>× × × 监理公司</td><td>施工单位</td><td>× × × 建筑公司</td></tr>
<tr><td>交底部位</td><td>模板工程搭设施工</td><td>交底日期</td><td></td></tr>
<tr><td>交底人签字</td><td colspan="3"></td></tr>
<tr><td colspan="4">交底内容：

接受人签字：</td></tr>
</table>

四、制定梁模板制作与安装方案

1. 制定梁模板制作与安装方案时，首先要明确完成梁模板施工任务的基本步骤。请将本任务的施工工艺写在下面空白处。

____

____

____

____

____

____

2. 制定本任务的方案。根据本组成员的不同特点进行合理分工，通过讨论，制定本组梁模板制作与安装方案，并填入表 4-2-6 中。

表 4-2-6　梁模板制作与安装方案

<table>
<tr><td>任务名称</td><td colspan="2"></td><td>工作任务起止日期</td><td></td><td>制定方案日期</td><td></td></tr>
<tr><td>序号</td><td>施工步骤</td><td colspan="2">工作内容</td><td>所需资料、材料及工具</td><td>负责人</td><td>参与人员</td></tr>
<tr><td>1</td><td>模板下料</td><td colspan="2"></td><td></td><td></td><td></td></tr>
<tr><td>2</td><td>模板放样</td><td colspan="2"></td><td></td><td></td><td></td></tr>
<tr><td>3</td><td>支立柱</td><td colspan="2"></td><td></td><td></td><td></td></tr>
<tr><td>4</td><td>调整标高</td><td colspan="2"></td><td></td><td></td><td></td></tr>
<tr><td>5</td><td>安装梁底模</td><td colspan="2"></td><td></td><td></td><td></td></tr>
<tr><td>6</td><td>安装梁侧模</td><td colspan="2"></td><td></td><td></td><td></td></tr>
<tr><td>7</td><td>侧模加固</td><td colspan="2"></td><td></td><td></td><td></td></tr>
<tr><td>8</td><td>拆模</td><td colspan="2"></td><td></td><td></td><td></td></tr>
<tr><td>9</td><td>检验</td><td colspan="2"></td><td></td><td></td><td></td></tr>
<tr><td colspan="7">教师审核意见：

教师（签名）：　　　　决策人（签名）：
年　月　日</td></tr>
</table>

评价与分析

根据各组成员在本活动学习过程中的表现填写“学习任务过程性考核记录表”（见附录）。

学习活动 3
审定梁模板制作与安装方案

学习目标

1. 能以小组为单位，自检、互检、专检材料、工具和计划。
2. 以小组为单位，审定梁模板施工方案，确定可实施的方案。

建议学时

6 学时。

学习过程

一、检查计划

各组材料、工具、设备选择完成后，先进行自检，再进行互检，最后由教师进行专检，并填写表 4-3-1。

表 4-3-1　检查材料、工具、设备及计划

项目	质量标准及要求
梁模板	

二、第一次审定

教师对每份梁模板施工方案的内容进行第一次审定，并将修改意见填写在方案中，由各组组长组织组内成员认真阅读，按照教师意见修改施工方案，完成表 4-3-2。

表 4-3-2　梁模板施工方案审查单（一审）

任务名称		工作任务起止日期		制定方案日期	
序号	施工步骤	工作内容	所需资料、材料及工具	负责人	参与人员
1	模板下料				
2	模板放样				
3	支立柱				
4	调整标高				
5	安装梁底模				
6	安装梁侧模				
7	侧模加固				
8	拆模				
9	检验				

三、第二次审定

教师再次对各组提交的修改方案内容进行审定，若修改方案可行，即确定为可实施方案；若仍然存在问题，教师将修改意见填写在方案中，由各组组长组织组内成员认真阅读，按照教师的第二次审核意见进行修改，并填入表 4-3-3 中。

表 4-3-3　梁模板施工方案审查单（二审）

任务名称		工作任务起止日期		制定方案日期	
序号	施工步骤	工作内容	所需资料、材料及工具	负责人	参与人员
1	模板下料				
2	模板放样				
3	支立柱				

续表

序号	施工步骤	工作内容	所需资料、材料及工具	负责人	参与人员
4	调整标高				
5	安装梁底模				
6	安装梁侧模				
7	侧模加固				
8	拆模				
9	检验				

四、第三次审定

教师对各组提交的第二次修改方案进行审定，确定为可实施方案，并填入表 4-3-4 中。

表 4-3-4　梁模板施工方案审查单（终稿）

任务名称		工作任务起止日期		制定方案日期	
序号	施工步骤	工作内容	所需资料、材料及工具	负责人	参与人员
1	模板下料				
2	模板放样				
3	支立柱				
4	调整标高				
5	安装梁底模				
6	安装梁侧模				
7	侧模加固				
8	拆模				
9	检验				
教师审核意见： 教师（签名）：　　　决策人（签名）： 年　月　日					

 评价与分析

根据各组成员在本活动学习过程中的表现填写“学习任务过程性考核记录表”（见附录）。

学习活动 4 实施梁模板制作与安装方案

学习目标

1. 能按照施工要求做好施工前的准备工作，做好模板的翻样和放样工作。

2. 能根据施工图要求，正确填写施工材料和工具清单，并能按仓库管理要求以学习小组为单位领料。

3. 能正确使用各种工具和设备，按照工艺要求进行梁模板制作与安装作业。

4. 能按照施工规范和施工现场“7S”管理标准，在作业完毕后清点、整理工具，收集剩余材料，归置物品，清理工程垃圾，拆除防护设施。

5. 能正确填写“施工作业验收项目单”，与项目技术负责人有效沟通并交付验收。

建议学时

6 学时。

学习过程

一、施工前准备

1. 清理影响施工的杂物，准备现场工作环境，模板施工方案及配模计划齐全，并进行交底。模板按照放样尺寸制作（见表 4-4-1）。

表 4-4-1　梁模板放样尺寸

模板	尺寸

2. 除做好现场准备工作外，施工人员自身应做好哪些防护准备？以小组为单位进行讨论，并做好记录。

____

____

____

____

____

____

二、填写梁模板制作所需材料与工具清单并领用

使用材料必须满足方案及规范要求，模板应分类堆放并清理干净，使用机具应准备到位。

在施工前，回顾梁模板制作与安装工艺步骤与施工图，填写表 4-4-2。以小组为单位，按仓库管理要求领取所需材料与工具。

表 4-4-2　材料与工具领用清单一览表

序号	材料或工具名称	单位	数量	备注
1				
2				
3				
4				
5				

续表

序号	材料或工具名称	单位	数量	备注
6				
7				
8				
9				
10				

三、实施梁模板制作与安装作业

在进行梁模板制作与安装施工前，需要对施工图进行会审，编制梁模板制作与安装方案或作业指导书，进行技术、质量、安全、环境交底；同时还要在材料、施工机具、作业条件等方面做好相应的准备工作。

1. 在梁模板下料阶段应该注意哪些事项？

2. 梁模板拼装过程中要注意哪些施工要点？

3. 梁模板加固过程中应该如何验算梁的强度和挠度？

4. 在柱子上画出轴线、梁位置及水平线，轴线允许偏差值是多少？梁截面尺寸线允许偏差值是多少？

四、梁模板成品的验收

1. 完成梁模板施工后，按梁模板施工任务单交付验收人验收，并按表 4-4-3 所列的验收标准进行验收，最后填写验收意见。

表 4-4-3　梁模板制作与安装验收标准

序号	验收项目	验收标准	客户意见	权重（%）	教师评分
1					
2					
3					
4					
5					
6					
7					
8					

2. 记录验收过程中存在的问题，小组讨论解决问题的方法，并填入表 4-4-4 中。

表 4-4-4　验收过程问题记录表

序号	验收过程中存在的问题	改进和完善措施	完成时间	备注
1				
2				
3				
4				
5				

3. 梁模板成品验收结束后，整理材料和工具，归还领用物品，并填写“梁模板成品交付清单”（见表 4-4-5）。

表 4-4-5　梁模板成品交付清单

<table>
<tr><td>任务名称</td><td colspan="3"></td><td>接单日期</td><td></td></tr>
<tr><td>工作地点</td><td colspan="3"></td><td>交付日期</td><td></td></tr>
<tr><td rowspan="2">三方评价结果
（百分制）</td><td>自我评价</td><td>小组评价</td><td>项目负责人评价</td><td rowspan="2">验收结论
（百分制）</td><td rowspan="2"></td></tr>
<tr><td></td><td></td><td></td></tr>
</table>

材料及工具归还清单

序号	材料及工具名称	型号和规格	数量	备注
1				
2				
3				
4				
5				
6				
7				
8				

项目负责人（签名）： 年　　月　　日	团队负责人（签名）： 年　　月　　日

五、清理施工现场

施工完毕，自检合格后应按施工规范和施工现场“7S”管理标准清点、整理工具，收集剩余材料，归置物品，清理施工垃圾，拆除防护措施。

1. 查阅相关资料，回顾施工过程，简述本次任务中的哪些环节属于施工现场“7S”管理标准内容的范畴。

____

____

____

____

____

____

2. 本任务施工完毕后，拆除安全隔离设施的顺序是什么？

____

____

____

____

____

____

3. 本任务施工完毕后，应进行哪些清点和清理工作？

____

____

____

____

____

____

评价与分析

根据各组成员在本活动学习过程中的表现填写“学习任务过程性考核记录表”（见附录）。

学习活动 5
梁模板制作与安装质量检查

学习目标

1. 能按照模板工程检验批质量的要求，对梁模板成品进行过程检验。

2. 能对照世赛标准，检查记录与图纸原始数据之间的误差，分析原因并形成记录。

建议学时

6 学时。

学习过程

一、检查记录

依据检查结果，填写“梁模板制作与安装工程检验批质量验收记录表”（见表 4-5-1），以及“预埋件和预留孔洞的允许偏差”（见表 4-5-2）。

表 4-5-1　梁模板制作与安装工程检验批质量验收记录表

工程名称			分项工程名称		
验收部位			施工单位		
项目经理		专业工长		施工班组组长	
施工执行标准名称及编号			《混凝土结构工程施工质量验收规范》（GB 50204—2015）		

续表

质量验收规范的规定				施工单位检查评定记录	监理（建设）单位验收记录
主控项目	1．支架		第 4.2.1 条		
	2．隔离剂		第 4.2.2 条		
一般项目	1．轴线位移		5		
	2．底模上表面标高		± 5		
	3．截面内部尺寸	基础	± 10		
		梁、柱、墙	+4，-5		
	4．层高垂直度	≤ 5 m	6		
		> 5 m	8		
	5．相邻两板表面高低差		2		
	6．表面平整度		5		
	7．预埋钢板中心线位置		3		
	8．预埋管、预留孔中心线位置		3		
	9．插筋	中心线位置	5		
		外露长度	+10，0		
	10．预埋螺栓	中心线位置	2		
		外露长度	+10，0		
	11．预留洞	中心线位置	10		
		尺寸	+10，0		
共实测（　　）点，其中合格（　　）点，不合格（　　）点，合格率（　　）%					
施工单位检查评定结果	项目专业质量检查员：　　项目专业质量（技术）负责人：　　年　月　日				
监理（建设）单位验收结论	监理工程师（建设单位项目技术负责人）：　　年　月　日				

注：1．本表由施工项目专业质量检查员填写，监理工程师（建设单位项目技术负责人）组织项目专业质量（技术）负责人等进行验收。

2．检查轴线和中心线位置时，应沿纵、横两个方向测量，并取其中的较大值。

3．表中一般项目允许偏差值的单位为 mm。

表 4-5-2　预埋件和预留孔洞的允许偏差

项目		偏差值 /mm
预埋钢板中心线位置		
预埋管、预留孔中心线位置		
插筋	中心线位置	
	外露长度	
预埋螺栓	中心线位置	
	外露长度	
预留洞	中心线位置	
	尺寸	

注：检查中心线位置时，应沿纵、横两个方向测量，并取其中的较大值。

二、检查误差，分析原因

对照世赛标准，检查记录与图纸原始数据之间的误差，分析原因并形成记录。

____

____

____

____

____

____

评价与分析

根据各组成员在本活动学习过程中的表现填写“学习任务过程性考核记录表”（见附录）。

学习活动 6
梁模板制作与安装总结

学习目标

1. 能按分组情况派代表展示工作成果，说明本任务的完成情况，并做分析总结。

2. 会编制梁模板施工资料目录，会收集施工过程资料并检查归档。

3. 能对学习与工作进行反思总结，并能与他人进行有效沟通。

建议学时

2 学时。

学习过程

一、小组评价

以小组为单位，选择演示文稿、展板、海报、视频等形式中的一种或几种，向全班展示梁模板制作与安装作业成果。在展示的过程中，以小组为单位进行评价；评价完成后，根据其他小组成员对本组展示成果的评价意见进行归纳总结。

1. 以小组为单位，讨论并列出和梁模板制作与安装相关的资料。

____

____

____

2. 以小组为单位，讨论如何编制目录、如何收集资料。

3. 以小组为单位，按归档目录收集安全检查资料并归档。

二、教师评价

认真听取教师对本组展示成果优缺点及在完成工作过程中出现的亮点和不足的评价意见，并做好记录。

1. 教师对本组展示成果优点的点评。

2. 教师对本组展示成果缺点及改进方法的点评。

3. 教师对本组在整个任务完成过程中出现的亮点和不足的点评。

三、工作总结

回顾本学习任务的工作过程，对新学专业知识和技能进行归纳和整理，写一篇不少于 800 字的工作总结。

评价与分析

按照客观、公正和公平的原则，在教师的指导下按自我评价、小组评价和教师评价三种方式对自己或他人在本学习任务中的表现进行综合评价。综合等级按 A（90 ~ 100）、B（75 ~ 89）、C（60 ~ 74）、D（0 ~ 59）四个级别进行填写。学习任务综合评价表见表 4-6-1。

表 4-6-1　学习任务综合评价表

考核项目	评价内容	配分	评价分数		
			自我评价	小组评价	教师评价
职业素养	劳动防护用品穿戴整齐，仪容仪表符合工作要求	5 分			
	安全意识、责任意识强	6 分			
	积极参加教学活动，按时完成各项学习任务	6 分			
	团队合作意识强，善于与人交流和沟通	6 分			
	自觉遵守劳动纪律，尊敬师长，团结同学	6 分			
	爱护公物，节约材料，现场符合“7S”管理标准	6 分			

续表

考核项目	评价内容	配分	评价分数		
			自我评价	小组评价	教师评价
专业能力	专业知识扎实，有较强的自学能力	10 分			
	操作积极，训练刻苦，具有一定的动手能力	15 分			
	技能操作规范，注重工艺安全，工作效率高	10 分			
工作成果	产品制作符合工艺规范，功能满足施工要求	20 分			
	工作总结符合要求，展示成果制作质量高	10 分			
总分		100 分			
总评	自我评价 ×20% + 小组评价 ×20% + 教师评价 ×60% =	综合等级		教师（签名）:	

学习任务五
柱模板制作与安装

学习目标

1. 阅读工作情景描述，明确任务要求，能画出关键词。
2. 能说出模板的类型、组成及构造要求。
3. 能正确识读柱平法施工图。
4. 能绘制柱的配板图，能说出柱模板的制作过程和安装过程。
5. 能说出柱模板制作常用的机具设备，能规范操作机具设备。
6. 能按照配板图进行模板制作，并正确安装柱模板。
7. 能正确复述柱模板制作与安装的技术要点。
8. 能按照标准进行柱模板制作与安装，并对柱模板的质量进行检查。
9. 培养团队协作和精益求精的精神。
10. 提升学习能力和动手能力，能快速掌握新技能和新方法。

建议学时

30 学时。

工作流程与活动

学习活动 1　获取柱模板制作与安装信息（2 学时）

学习活动 2　制定柱模板制作与安装方案（6 学时）

学习活动 3　审定柱模板制作与安装方案（4 学时）

学习活动 4　实施柱模板制作与安装方案（12 学时）

学习活动 5　柱模板制作与安装质量检查（4 学时）

学习活动 6　柱模板制作与安装总结（2 学时）

工作情景描述

某样板房项目工程基础工程及底层框架柱的钢筋已按图纸绑扎完成并通过质量验收，现进入底层框架柱模板制作与安装施工工序。项目经理要求施工员带领模板工人进行框架柱模板制作与安装。施工过程要严格遵守《混凝土结构工程施工规范》

（GB 50666—2011）、《组合钢模板技术规范》（GB/T 50214—2013）、《建筑施工模板安全技术规范》（JGJ 162—2008）、《混凝土结构工程施工质量验收规范》（GB 50024—2015）、《世界技能标准规范》（WSSS）等规范和技术要求，按“7S”管理标准管理施工现场，并进行自检和互检，形成记录，向工程项目部反馈并存档。

学习活动 1
获取柱模板制作与安装信息

学习目标

1. 能明确学习任务描述中的任务要求。
2. 能说出模板的类型、组成及构造要求。
3. 能正确识读柱平法施工图。
4. 能根据“7S”管理标准描述柱模板制作与安装现场管理工作范畴。
5. 培养语言表达能力。

建议学时

2 学时。

学习过程

一、明确任务，填写工作单

1. 阅读工作情景描述，用荧光笔在任务书中画出关键词，并将关键词摘录至下，其中需要进一步了解的词用星号标注出来。

____

____

____

2. 查阅相关资料，根据实际情况填写“柱模板制作与安装施工工作单”（见表 5-1-1）。

表 5-1-1 柱模板制作与安装施工工作单

<table>
<tr><td>任务名称</td><td colspan="3"></td><td>接单日期</td><td></td></tr>
<tr><td>工作地点</td><td colspan="3"></td><td>任务周期</td><td></td></tr>
<tr><td>工作内容</td><td colspan="5"></td></tr>
<tr><td>提供工具、材料</td><td colspan="5"></td></tr>
<tr><td>施工项目</td><td colspan="5"></td></tr>
<tr><td>项目负责人姓名</td><td></td><td>联系电话</td><td></td><td>验收日期</td><td></td></tr>
<tr><td>团队负责人姓名</td><td></td><td>联系电话</td><td></td><td>团队名称</td><td></td></tr>
<tr><td>备注</td><td colspan="5"></td></tr>
</table>

二、认识柱模板

1. 阅读《组合钢模板技术规范》(GB/T 50214—2013)、《建筑施工模板安全技术规范》(JGJ 162—2008)和《世界技能标准规范》(WSSS)，填写表 5-1-2 和表 5-1-3。

表 5-1-2 模板类型

序号	分类依据	名称
1	模板材料	
2	模板成型的结构类型	
3	施工方法	

表 5-1-3 常用模板特征

模板类型	图片	主要组成部分	优点	缺点
木模板				

续表

模板类型	图片	主要组成部分	优点	缺点
胶合板模板				
定型组合钢模板				
铝模板				

2. 阅读《组合钢模板技术规范》(GB/T 50214—2013)、《建筑施工模板安全技术规范》(JGJ 162—2008)和《世界技能标准规范》(WSSS),写出柱模板的作用、常用的柱模板组成及构造要求。

____

____

____

____

三、框架柱平法识图

1. 查阅《混凝土结构施工图平面整体表示方法制图规则和构造详图》（16G101-1），填写表 5-1-4 中各代号对应的柱类型及其特征。

表 5-1-4　柱类型及特征

代号	柱类型	特征
KZ		
KZZ		
XZ		
LZ		
QZ		
BZ		

2. 根据柱平法施工图表示规则，识读样板项目柱施工图，并填写表 5-1-5。

表 5-1-5　柱信息表

柱号	柱截面图	柱尺寸	
		b	h
KZ1	8⌀14 ⌀8@100/200 350 350 KZ1		
KZ2	8⌀14 ⌀8@100/200 300 300 KZ2		

四、施工现场“7S”管理标准

1. “7S”管理是现代企业行之有效的现场管理理念和方法，它能提高工作效率，保证产品质量，使工作环境整洁有序，且以预防为主，保证安全。查阅相关资料，在表 5-1-6 中填写柱模板制作与安装“7S”管理工作范畴。

表 5-1-6　柱模板制作与安装“7S”管理工作范畴

内容	含义与目的	柱模板制作与安装工作范畴
整理（SEIRI）	将工作场所的物品区分为有必要的物品和没有必要的物品，有必要的物品留下来，其他的都清除 腾出空间，空间活用，防止误用，创设整洁的工作场所	
整顿（SEITON）	把留下来的必要物品整齐摆放在规定位置，并加以标识 工作场所一目了然，节约寻找物品的时间，创设整齐的工作环境，消除过多的积压物品	
清扫（SEISO）	将工作场所内看得见与看不见的地方清扫干净，保持工作场所洁净 稳定品质，减少工业伤害	
清洁（SEIKETSU）	将整理、整顿、清扫进行到底，并制度化，保持环境美观的状态 创设明朗现场，维持以上“3S”成果	
素养（SHITSUKE）	每一位成员养成良好的习惯，并遵守规则，培养积极主动的精神（也称习惯性） 培养具有良好习惯、遵守规则的员工，培养团队精神	
安全（SECURITY）	重视成员的安全教育，树立“安全第一”的观念，防患于未然 建立安全生产的环境，所有的工作应以安全为前提	
节约（SAVING）	合理利用时间、空间、能源等，发挥它们的最大效能 创造高效率的、物尽其用的工作氛围	

2. 根据所学的“7S”管理标准，以小组为单位，设计制作柱模板制作与安装施工流程图（见图 5-1-1）。

图 5-1-1 柱模板制作与安装施工流程图

评价与分析

根据各组成员在本活动学习过程中的表现填写“学习任务过程性考核记录表”（见附录）。

学习活动 2
制定柱模板制作与安装方案

学习目标

1. 能说出柱模板的制作过程和安装过程。
2. 能说出柱模板制作常用的机具设备，能规范操作机具设备。
3. 能绘制柱的配板图。
4. 能绘制柱模板制作与安装流程图。
5. 培养团队协作和精益求精的精神。

建议学时

6 学时。

学习过程

一、制定任务分工表

1. 采用“头脑风暴”的方式讨论工作流程与技术要点。

（1）查阅相关资料，小组讨论，采用“头脑风暴”的讨论方式，列出柱模板制作、安装、技术要点的关键词。

____

____

____

（2）根据关键词，绘制柱模板制作流程图（见图 5-2-1）和安装流程图（见图 5-2-2）。

图 5-2-1　柱模板制作流程图

图 5-2-2　柱模板安装流程图

2. 填写任务分工表。根据柱模板制作与安装施工流程，小组讨论人员分工，填写“任务分工表”（见表 5-2-1）。

表 5-2-1 任务分工表

序号	姓名	任务	任务技术要点	完成时间	验收人

3. 根据现场情况，填写“施工机具表”（见表 5-2-2）。

表 5-2-2 施工机具表

名称	型号	数量	进场时间

二、绘制柱模板配板图

查阅资料，以小组为单位识读图纸，绘制柱模板配板图（见图 5-2-3）。

图 5-2-3 柱模板配板图

三、制定柱模板制作与安装施工方案

根据规范要求，列出本任务柱模板制作与安装施工流程及具体工作内容和技术要求，填写表 5-2-3。同时，查阅《混凝土结构工程施工质量验收规范》（GB 50204—2015），在表 5-2-4 中填写柱模板制作与安装质量要求。

表 5-2-3　柱模板制作与安装施工计划表

任务名称		工作任务起止日期		制定方案日期	
序号	施工步骤	工作内容	所需资料、材料及工具	负责人	参与人员
1	柱模板制作				
2	柱模板安装准备工作				
3	柱模板定位				
4	框架柱放样				
5	架设框架柱模板				
6	校正框架柱模板				
7	检查框架柱模板				
8	检验				

教师审核意见：

教师（签名）：　　　　决策人（签名）：

日期：

表 5-2-4　柱模板制作与安装质量要求

序号	质量要求	检查项目	标准
1	模板制作		
2	模板安装		

四、制作柱模板制作与安装技术交底记录

查阅相关资料，根据混凝土结构施工规范要求，与小组成员合作，制作一份"柱模板制作与安装技术交底记录表"（见表 5-2-5），交底内容包括材料要求、主要工量具、作业条件、操作工艺等。

表 5-2-5　柱模板制作与安装技术交底记录表

技术交底记录		编号	
工程名称		交底日期	
施工单位		分项工程名称	
交底摘要			

交底内容：

五、完成劳动防护用品使用安全培训测试

在教师组织下，由世赛项目选手演示如何正确穿戴劳动防护用品，通过视频进行安全教育培训。本环节各组成员必须独立完成劳动防护用品使用安全培训测试题。

劳动防护用品使用安全培训测试

姓名：______ 班组：______ 成绩：______

一、选择题

1. 正确佩戴安全帽有两个要点：一是安全帽的帽衬与帽壳之间应该有一定的间隙，二是（　　）。

A. 必须系紧下颌带

B. 必须时刻佩戴

C. 必须涂上黄色

2. 操作机械时，工人要穿“三紧”式工作服，“三紧”是指（　　）紧、领口紧和下摆紧。

A. 袖口　　B. 裤口　　C. 裤腿

3. 下列说法正确的是（　　）。

A. 操作旋转机设备的人员必须戴手套

B. 操作旋转机设备的人员应穿“三紧”式工作服

C. 操作旋转机设备的女工发辫可以披在肩上

4. 高空作业的“三宝”是指（　　）。

A. 安全帽、安全网、安全带

B. 安全帽、手套、安全网

C. 工作服、手套、安全帽

5. 遇有电气设备着火时，应（　　）。

A. 立即将有关设备的电源切断，然后进行救火

B. 直接救火

C. 立即离开

6. 防止毒物危害的最佳方法是（　　）。

A. 穿工作服　B. 佩戴呼吸器具　C. 使用无毒或低毒的代替品

7. 机械在运转状态下，操作人员（　　）。

A. 可对机械进行加油、清扫

B. 可与旁人聊天

C. 严禁拆除安全装置

8. 使用叉车时，如有大型货物挡住驾驶员视线，驾驶员应（　　）。

A. 倒车行驶　B. 正常行驶　C. 停止行驶

9. 工人操作机械时，要求穿着紧身适合的工作服，以防（　　）。

A. 着凉

B. 衣服被机器转动部分缠绕

C. 衣服被机器弄污

二、判断题

1. 劳动防护用品必须严格保证质量，安全可靠，但可以不用舒适和方便。（　　）

2. 受过一次强冲击的安全帽应及时报废，不能继续使用。（　　）

3. 劳动防护用品不同于一般的商品，它直接关系到劳动者的生命安全和身体健康，故要求其必须符合国家标准。（　　）

4. 运转中的机械设备对人的伤害主要有撞伤、压伤、轧伤、卷缠等。（　　）

5. 把作业场所和工作岗位存在的危险因素如实告知从业人员会有负面影响，容易引起从业人员恐慌，增加其思想负担，不利于安全生产。（　　）

三、简答题

劳动防护用品按照人体防护部位可分为十大类，请问具体有哪些？

____

____

____

____

____

____

评价与分析

根据各组成员在本活动学习过程中的表现填写“学习任务过程性考核记录表”（见附录）。

学习活动 3
审定柱模板制作与安装方案

学习目标

1. 能审定柱模板制作与安装方案。
2. 能判断柱配板图的正确性。
3. 能说出柱模板制作与安装的技术要点。
4. 培养发现问题和解决问题的能力。
5. 培养团队协作和精益求精的精神。

建议学时

4 学时。

学习过程

一、讨论评价柱模板制作与安装施工方案

1. 阅读《组合钢模板技术规范》(GB/T 50214—2013)、《建筑施工模板安全技术规范》(JGJ 162—2008)和《世界技能标准规范》(WSSS),列举柱模板制作的技术控制点和柱模板安装的质量控制要点。

____

____

____

2. 教师对每份柱模板制作与安装施工计划表（见表 5-2-3）的内容进行审定，并将修改意见填写在方案中，由各组组长组织组内成员认真阅读，按照教师的意见修改施工方案，填入表 5-3-1 中。

表 5-3-1　柱模板制作与安装施工计划表（审定）

任务名称		工作任务起止日期		制定方案日期	
序号	施工步骤	工作内容	所需资料、材料及工具	负责人	参与人员
1	柱模板制作				
2	柱模板安装准备工作				
3	柱模板定位				
4	框架柱放样				
5	架设框架柱模板				
6	校正框架柱模板				
7	检查框架柱模板				
8	检验				

教师审核意见：

教师（签名）：　　　　决策人（签名）：

日期：

二、修改完善柱模板制作与安装施工计划表

1. 根据各组意见，填写整改记录单（见表 5-3-2）。

表 5-3-2 整改记录单

工程名称		项目经理（指导教师）	
检查日期		班组	
检查项目		检查形式	

整改内容：

项目经理（签字）：
年 月 日：

整改措施：

整改负责人（签字）：
年 月 日：

整改结果：

整改验收人（签字）：
年 月 日：

注：

项目经理（指导教师）（签字）：____________ 班组组长（签字）：______________

2. 教师对学习小组提交的整改方案（见表 5-3-2）的内容进行审定，并确定为可实施方案，填入表 5-3-3 中。

表 5-3-3　柱模板制作与安装施工计划表（终）

任务名称		工作任务起止日期		制定方案日期	
序号	施工步骤	工作内容	所需资料、材料及工具	负责人	参与人员
1	柱模板制作				
2	柱模板安装准备工作				
3	柱模板定位				
4	框架柱放样				
5	架设框架柱模板				
6	校正框架柱模板				
7	检查框架柱模板				
8	检验				

教师审核意见：

教师（签名）：　　　　　　决策人（签名）：

日期：

 评价与分析

根据各组成员在本活动学习过程中的表现填写“学习任务过程性考核记录表”（见附录）。

学习活动 4
实施柱模板制作与安装方案

学习目标

1. 能按照柱配板图正确下料。

2. 能正确进行模板定位和放样。

3. 能正确安全使用柱模板制作所需的机具设备。

4. 能按照标准进行柱模板制作与安装，并对柱模板的质量进行检查。

5. 能按照模板工程施工规范和施工现场“7S”管理标准，在作业完毕后清点、整理工具，收集剩余材料，归置物品，清理工程垃圾，拆除防护设施。

6. 培养团队协作和精益求精的精神。

7. 提升学习能力和动手能力，能快速掌握新技能和新方法。

建议学时

12 学时。

学习过程

一、施工前准备

1. 场地及人员安全准备

（1）查看现场，设置必要的安全隔离防护设施和安全标志，清理影响施工的杂物，准备现场工作环境，并将安全隔离防护设施和安全标志设置情况记录在表 5-4-1 中。

表 5-4-1 安全隔离防护设施和安全标志设置情况

序号	安全隔离防护设施和安全标志	位置	目的

（2）除做好现场准备工作外，施工人员自身应做好哪些防护准备？以小组为单位进行讨论，并做好记录。

____

____

____

2. 材料工具准备

各组选派一名学生作为监督检查人员，教师组织学生对各组的配板图、施工方案、工具、材料及现场施工情况（柱钢筋完成情况）进行最终确认，确认后由各组组长签字，形成施工准备清单（见表 5-4-2）。

表 5-4-2 施工准备清单表

班组：__________ 指导教师：__________

项目	序号	规格型号	备注	签字确认
配板图	1			
施工方案	1			
工具	1			
	2			
	3			
	4			
	5			
	6			
	7			
	8			

续表

项目	序号	规格型号	备注	签字确认
工具	9			
	10			
材料	1			
	2			
	3			
	4			
	5			
	6			
现场施工情况	1			

二、实施柱模板制作

1. 阅读《混凝土结构工程施工规范》(GB 50666—2011)、《组合钢模板技术规范》(GB/T 50214—2013)和《建筑施工模板安全技术规范》(JGJ 162—2008),并回答以下问题:柱模板配板的原则是什么?

____

____

____

2. 阅读《混凝土结构工程施工规范》(GB 50666—2011)、《组合钢模板技术规范》(GB/T 50214—2013)和《建筑施工模板安全技术规范》(JGJ 162—2008),填写模板加工技术要求(见表 5-4-3)。

表 5-4-3 柱模板加工技术要求

检查项目	允许偏差 /mm	检验方法
板面平整		
模板高度		
模板宽度		
对角线长		
模板边平直		
模板翘曲		
孔眼位置		

3. 总结柱模板下料步骤、下料技巧及下料过程中应该注意的问题，完成表 5-4-4。

表 5-4-4 柱模板下料步骤、下料技巧及下料过程中应该注意的问题

序号	下料步骤	下料技巧	下料过程中应该注意的问题

三、实施柱模板安装

1. 安装准备

小组共同检查准备工作完成情况，填写表 5-4-5。

表 5-4-5 柱模板安装准备工作检查清单

序号	准备工作	检查情况
1	模板结构设计与施工说明书中的荷载、计算方法、节点构造和安全措施，设计审批手续是否齐全	
2	是否进行全面的安全技术交底	
3	挑选、检测模板和配件	

续表

序号	准备工作	检查情况
4	安全防护设施和器具是否齐全	
5	用作模板的地坪、胎膜质量是否符合要求	
6	模板清理、整平、涂刷防锈漆	
7	连接件清理，基础整平	
8	其他	

2. 柱模板安装

（1）安装

查阅相关资料，通过小组讨论填写柱模板安装过程的相关参数和有关事项内容。

1）现场拼装柱模板时，应适时地安设临时支撑进行固定，斜撑与地面的倾角宜为______，严禁将大片模板系于柱钢筋上。

2）待四片柱模板就位，组拼经对角线校正无误后，应立即______安装柱箍。

3）若为整体预组合柱模板，吊装时应采用______和柱模板连接，不得用______代替。

4）柱模板校正（用四根斜支撑或用连接在柱模板顶四角带花篮螺丝的揽风绳，底端与楼板钢筋拉环固定进行校正）后，应采用______或______进行四周支撑，以确保整体稳定。

5）当高度超过______m 时，应群体或成列同时支模，并将支撑连成一体，形成整体框架体系。当需要单根支模时，柱宽大于______mm，应每边在同一标高上设不得少于______斜撑或水平撑。斜撑与地面的夹角宜为______，下端应有防滑移的措施。

6）角柱模板的支撑除需满足上述要求外，还应在里侧设置能承受______力的斜撑。

（2）拆模

1）拆除模板时，施工人员必须站在安全的地方，应先拆内外______，再拆木面板。钢模板应先拆______和______，后拆 U 形卡和 L 形插销；拆下的钢模板应妥善传递或用绳钩放至地面，不得抛掷。拆下的小型零配件应装入工具袋内或小型箱笼内，不得随处乱扔。

2）柱模板拆除应分别采用______和______两种方法。

______拆除的顺序应为：拆除拉杆或斜撑，自上而下拆除柱箍或横楞，拆除竖楞，自上而下拆除配件及模板，运走，分类堆放，清理，拔钉，钢模维修，刷防锈漆或脱模剂，入库备用。

______拆除的顺序应为：拆除全部支撑系统，自上而下拆除柱箍及横楞，拆掉柱角 U 形卡，分二片或四片拆除模板，原地清理，刷防锈漆或脱模剂，分片运至新支模地点备用。

柱子拆下的模板及配件不得向地面抛掷。

（3）总结

根据柱模板的安装过程，总结柱模板安装步骤、施工内容及注意事项，完成表 5-4-6。

表 5-4-6　柱模板安装表

序号	安装步骤	施工内容	注意事项
1	柱模板的定位		
2	框架柱放样		
3	架设框架柱模板		
4	校正框架柱模板		
5	检查框架柱模板		

四、柱模板成品验收

1. 监理验收

查阅《混凝土结构工程施工质量验收规范》（GB 50204—2015）、《建筑施工模板安全技术规范》（JGJ 162—2008）和《世界技能标准规范》（WSSS），了解柱模板安装成品验收项目及标准。各组成员角色由施工方转变为监理方，交叉检查其他小组成品，并填写表 5-4-7。验收过程中与施工方进行沟通，明确问题所在，施工方填写验收意见。

表 5-4-7 柱模板制作与安装验收标准

序号	验收项目	验收标准	施工方意见	权重 /%	教师评分
1					
2					
3					
4					
5					
6					
7					
8					
9					
10					

2. 记录验收问题

记录验收过程中存在的问题，小组讨论解决问题的方法，并填入表 5-4-8 中。

表 5-4-8 验收过程问题记录表

序号	验收过程中存在的问题	改进和完善措施	完成时间	备注
1				
2				
3				
4				
5				

3. 整理

柱模板制作与安装成品验收结束后整理材料和工具，归还领用物品，并填写柱模板制作与安装成品交付清单（见表 5-4-9）。

表 5-4-9 柱模板制作与安装成品交付清单

<table>
<tr><td>任务名称</td><td colspan="3"></td><td>接单日期</td><td></td></tr>
<tr><td>工作地点</td><td colspan="3"></td><td>交付日期</td><td></td></tr>
<tr><td rowspan="2">三方评价结果
（百分制）</td><td>自我评价</td><td>小组评价</td><td>项目负责人评价</td><td rowspan="2">验收结论
（百分制）</td><td rowspan="2"></td></tr>
<tr><td></td><td></td><td></td></tr>
</table>

材料及工具归还清单

序号	材料及工具名称	型号和规格	数量	备注
1				
2				
3				
4				
5				
项目负责人（签名）： 年　月　日		团队负责人（签名）： 年　月　日		

五、清理施工现场

施工完毕，自检合格后应按施工规范和施工现场“7S”管理标准清点、整理工具，收集剩余材料，归置物品，清理施工垃圾，拆除防护措施。

1. 查阅相关资料，回顾柱模板制作与安装施工过程，简述本任务中的哪些环节属于施工现场“7S”管理标准内容的范畴。

____

____

____

____

____

____

2. 本任务施工完毕后，拆除安全隔离设施的顺序是什么？

____

3. 本任务施工完毕后，应进行哪些清点和清理工作?

评价与分析

根据各组成员在本活动学习过程中的表现填写“学习任务过程性考核记录表”（见附录）。

学习活动 5
柱模板制作与安装质量检查

学习目标

1. 掌握国家标准和世赛标准及其测量和评分方法。
2. 能对照评分表分析误差产生的原因，并能调整参数。
3. 能对照世赛标准检查记录与图纸原始数据之间的误差，分析原因并形成记录。
4. 培养团队协作和精益求精的精神。

建议学时

4 学时。

学习过程

一、柱模板制作与安装施工过程抽检

查阅相关资料及相关规范，以小组为单位对已实施的柱模板成品进行过程质量检验，并将检验情况记录在表 5-5-1 中。

表 5-5-1　柱模板制作与安装成品过程检验情况一览表

项目名称		检验标准	抽检数量	权重 /%	评分
主控项目	模板支撑、立柱位置和垫板				
	避免隔离剂沾污				

续表

<table>
<tr><th colspan="5">项目名称</th><th>检验标准</th><th>抽检数量</th><th>权重/%</th><th>评分</th></tr>
<tr><td rowspan="20">一般项目</td><td colspan="4">模板安装的一般要求</td><td></td><td></td><td></td><td></td></tr>
<tr><td colspan="4">用作模板的地坪、胎膜质量</td><td></td><td></td><td></td><td></td></tr>
<tr><td colspan="4">模板的起拱高度</td><td></td><td></td><td></td><td></td></tr>
<tr><td rowspan="8">预埋件和预留孔洞的安装允许偏差</td><td colspan="2">预埋板中心线位置</td><td>3 mm</td><td rowspan="2"></td><td rowspan="2"></td><td rowspan="2"></td><td rowspan="2"></td></tr>
<tr><td colspan="2">预埋管、预留孔中心线位置</td><td>3 mm</td></tr>
<tr><td rowspan="2">插筋</td><td>中心线位置</td><td>5 mm</td><td rowspan="6"></td><td rowspan="6"></td><td rowspan="6"></td><td></td></tr>
<tr><td>外露长度</td><td>+10，0 mm</td><td></td></tr>
<tr><td rowspan="2">预埋螺栓</td><td>中心线位置</td><td>2 mm</td><td></td></tr>
<tr><td>外露长度</td><td>+10，0 mm</td><td></td></tr>
<tr><td rowspan="2">预留洞</td><td>中心线位置</td><td>10 mm</td><td></td></tr>
<tr><td>尺寸</td><td>+10，0 mm</td><td></td></tr>
<tr><td rowspan="9">现浇结构模板安装的允许偏差</td><td colspan="2">轴线位置</td><td>5 mm</td><td></td><td></td><td></td><td></td></tr>
<tr><td colspan="2">底模上表面标高</td><td>±5 mm</td><td></td><td></td><td></td><td></td></tr>
<tr><td rowspan="3">模板内部尺寸</td><td>基础</td><td>±10 mm</td><td></td><td></td><td></td><td></td></tr>
<tr><td>柱、墙、梁</td><td>±5 mm</td><td></td><td></td><td></td><td></td></tr>
<tr><td>楼梯相邻踏步高差</td><td>±5 mm</td><td></td><td></td><td></td><td></td></tr>
<tr><td rowspan="2">垂直度</td><td>柱、墙层高≤6 m</td><td>8 mm</td><td></td><td></td><td></td><td></td></tr>
<tr><td>柱、墙层高>6 m</td><td>10 mm</td><td></td><td></td><td></td><td></td></tr>
<tr><td colspan="2">相邻两块模板表面高差</td><td>2 mm</td><td></td><td></td><td></td><td></td></tr>
<tr><td colspan="2">表面平整度</td><td>5 mm</td><td></td><td></td><td></td><td></td></tr>
</table>

二、世赛标准分析比对

对照世赛标准，检查与图纸原始数据之间的误差，分析原因并形成记录，填写表 5-5-2。

表 5-5-2　世赛标准分析比对

序号	检查项目	世赛标准	本工程数值	原因分析	改进措施
1					
2					
3					
4					
5					
6					
7					
8					

评价与分析

根据各组成员在本活动学习过程中的表现填写“学习任务过程性考核记录表”（见附录）。

学习活动 6
柱模板制作与安装总结

学习目标

1. 能按分组情况派代表展示工作成果，说明本次任务的完成情况，并做分析总结。

2. 能结合任务完成情况，正确、规范地撰写工作总结（心得体会）。

3. 能对学习与工作进行反思总结，并能与他人开展良好合作、进行有效沟通。

2 学时。

一、小组评价

以小组为单位，选择演示文稿、展板、海报、视频等形式中的一种或几种，向全班展示柱模板制作与安装作业成果。在展示的过程中，以小组为单位进行评价；评价完成后，根据其他小组成员对本组展示成果的评价意见进行归纳总结。

____

____

____

____

二、教师评价

认真听取教师对本组展示成果优缺点及在完成工作过程中出现的亮点和不足的评价意见，并做好记录。

1. 教师对本组展示成果优点的点评。

2. 教师对本组展示成果缺点及改进方法的点评。

3. 教师对本组在整个任务完成过程中出现的亮点和不足的点评。

三、柱模板制作与安装工作过程回顾及总结

1. 总结完成柱模板制作与安装施工任务过程中遇到的问题和困难，列举 3 ~ 4 点你认为值得分享的工作经验。

2. 回顾本学习任务的工作过程，对新学专业知识和技能进行归纳和整理，写一篇不少于 800 字的工作总结。

评价与分析

按照客观、公正和公平的原则，在教师的指导下按自我评价、小组评价和教师评价三种方式对自己或他人在本学习任务中的表现进行综合评价。综合等级按A（90 ~ 100）、B（75 ~ 89）、C（60 ~ 74）、D（0 ~ 59）四个级别进行填写。学习任务综合评价表见表 5-6-1。

表 5-6-1　学习任务综合评价表

考核项目	评价内容	配分	评价分数		
			自我评价	小组评价	教师评价
职业素养	劳动防护用品穿戴整齐，仪容仪表符合工作要求	5 分			
	安全意识、责任意识强	6 分			
	积极参加教学活动，按时完成各项学习任务	6 分			
	团队合作意识强，善于与人交流和沟通	6 分			
	自觉遵守劳动纪律，尊敬师长，团结同学	6 分			
	爱护公物，节约材料，现场符合“7S”管理标准	6 分			

续表

<table>
<tr><th rowspan="2">考核项目</th><th rowspan="2">评价内容</th><th rowspan="2">配分</th><th colspan="3">评价分数</th></tr>
<tr><th>自我评价</th><th>小组评价</th><th>教师评价</th></tr>
<tr><td rowspan="3">专业能力</td><td>专业知识扎实，有较强的自学能力</td><td>10 分</td><td></td><td></td><td></td></tr>
<tr><td>操作积极，训练刻苦，具有一定的动手能力</td><td>15 分</td><td></td><td></td><td></td></tr>
<tr><td>技能操作规范，认真选取原料，注重工艺安全，工作效率高</td><td>10 分</td><td></td><td></td><td></td></tr>
<tr><td rowspan="2">工作成果</td><td>施工流程符合工艺规范，制作与安装满足施工要求</td><td>20 分</td><td></td><td></td><td></td></tr>
<tr><td>工作总结符合要求，制作与安装质量高</td><td>10 分</td><td></td><td></td><td></td></tr>
<tr><td colspan="2">总分</td><td>100 分</td><td></td><td></td><td></td></tr>
<tr><td>总评</td><td>自我评价 ×20% + 小组评价 ×20% + 教师评价 ×60% =</td><td>综合等级</td><td></td><td colspan="2">教师（签名）:</td></tr>
</table>

学习任务六
楼梯模板制作与安装

学习目标

1. 能读懂任务书，与相关人员沟通明确楼梯模板制作与安装的工作内容及要求。

2. 能读懂楼梯模板支设施工方案，确定模板材料和支撑方式，并与班组组长和仓库管理员等相关人员进行专业沟通，完成楼梯模板制作与安装前的准备工作。

3. 能根据楼梯结构施工图，完成楼梯模板翻样任务。

4. 能根据相关规范确定楼梯模板制作与安装的施工标准要求。

5. 能制定楼梯模板制作与安装方案，提交班组组长，报技术负责人审定完善。

6. 能正确使用选定的工具，按照施工标准完成楼梯模板的制作。

7. 能与架子工和钢筋工进行专业沟通，按照施工标准完成楼梯模板的安装与加固，做好过程质量控制，并填写施工记录单。

8. 能根据相关规范和标准进行质量检验，在记录单上填写自检结果签字确认后提交班组组长，报技术负责人及监理检验，对于发现的质量问题能及时整改到位。

9. 能展示楼梯模板制作与安装的技术要点，总结工作经验，分析不足，提出改进方案。

10. 能整理楼梯模板制作与安装施工技术文档，并上交项目部。

建议学时

30 学时。

工作流程与活动

学习活动 1　获取楼梯模板制作与安装信息（2 学时）
学习活动 2　制定楼梯模板制作与安装方案（6 学时）
学习活动 3　审定楼梯模板制作与安装方案（4 学时）
学习活动 4　实施楼梯模板制作与安装方案（12 学时）
学习活动 5　楼梯模板制作与安装质量检查（4 学时）
学习活动 6　楼梯模板制作与安装总结（2 学时）

工作情景描述

某样板房项目将进行混凝土楼梯施工，现需要模板工加工楼梯模板。

施工人员从工程项目部领取任务书、楼梯结构施工图纸和楼梯模板支设施工方案，明确施工内容和工艺流程，根据楼梯结构施工图纸明确楼梯翻模信息（长度、宽度、高度、踏步数量和尺寸、平台标高等），根据楼梯模板支设施工方案明确楼梯模板制作与加工信息（模板类型，如何下料、拼装及加固等），根据相关规范确定楼梯制作与安装的标准要求，制定楼梯模板施工方案；查看施工现场，明确施工场地条件，根据施工图纸确定所需材料，准备所需切割机和其他设备，进行楼梯模板翻样、下料、拼装和加固，并进行自检和互检，形成记录，向工程项目部反馈并存档，最后将所有技术文档上交项目经理。

学习活动 1 获取楼梯模板制作与安装信息

学习目标

1. 能根据工作情景描述，与班组组长等相关人员进行专业沟通，明确施工任务内容和要求。

2. 能读懂楼梯模板支设施工方案，确定模板材料和支撑方式，并与班组组长和仓库管理员等相关人员进行专业沟通，完成楼梯模板制作与安装前的准备工作。

3. 能结合《现浇板式楼梯平面表示方法制图规则和构造详图》（16G101-2）读懂楼梯结构施工图，了解楼梯的分类和各组成部分及作用，获取统计图纸中楼梯构件翻模信息。

4. 能查阅《建筑工程施工质量验收统一标准》（GB 50300—2013）、《混凝土结构工程施工质量验收规范》（GB 50204—2015）、《世界技能标准规范》（WSSS）等相关标准和图集中模板的施工质量要求，梳理楼梯模板制作与安装过程中的相关要求。

5. 能根据施工现场“7S”管理标准确定楼梯模板制作与安装的现场管理工作范畴，并能进行相关的准备工作。

建议学时

2 学时。

学习过程

一、领取工作任务

1. 阅读本学习任务的工作情景描述，用荧光笔在任务书中画出关键词，并将关键词摘录至下，其中需要进一步了解的词用星号标注出来。

____

____

____

2. 与班组组长等相关人员进行专业沟通，填写表 6-1-1“楼梯模板制作与安装施工任务内容与要求”。

表 6-1-1　楼梯模板制作与安装施工任务内容与要求

楼梯名称			接单日期	
楼梯位置			任务周期	
支模范围				
监理姓名		联系电话	工期	
施工技术负责人姓名		联系电话	是否交底	
班组组长姓名		联系电话	是否交底	
备注				

二、填写楼梯模板制作与安装选料单

小组合作，查阅楼梯模板支设施工方案，与班组组长和仓库管理员等相关人员进行专业沟通，完成楼梯模板制作与安装前的准备工作，并填写表 6-1-2“楼梯模板制作与安装施工任务选料单”。

表 6-1-2　楼梯模板制作与安装施工任务选料单

材料名称	材料型号	库存情况	备注
模板			
主楞			
次楞			

续表

<table>
<tr><th>材料名称</th><th colspan="3">材料型号</th><th>库存情况</th><th>备注</th></tr>
<tr><td>制作工具</td><td colspan="3"></td><td></td><td></td></tr>
<tr><td>安装工具</td><td colspan="3"></td><td></td><td></td></tr>
<tr><td>其他</td><td colspan="3"></td><td></td><td></td></tr>
<tr><td>仓库管理员姓名</td><td></td><td>联系电话</td><td></td><td>是否沟通</td><td></td></tr>
<tr><td>班组组长姓名</td><td></td><td>联系电话</td><td></td><td>是否沟通</td><td></td></tr>
<tr><td>备注</td><td colspan="5">此表仅为选料用，具体用量在后续施工计划中确定</td></tr>
</table>

三、查阅图纸，获取楼梯相关信息

小组合作，查阅《现浇板式楼梯平面表示方法制图规则和构造详图》（16G101-2），了解楼梯的表示方法、分类和各部分作用，阅读楼梯结构施工图图纸，获取楼梯相关信息。

1. 查阅《现浇板式楼梯平面表示方法制图规则和构造详图》（16G101-2），回答以下问题。

（1）本图集包含哪些梯板类型？请在表 6-1-3 中画出不同代号对应的截面形状与支座位置示意图。

表 6-1-3　梯板类型

梯板代号	截面形状与支座位置示意图
AT	
BT	
CT	
DT	

续表

梯板代号	截面形状与支座位置示意图
ET	
FT	
GT	

（2）除了梯段板外，现浇混凝土板式楼梯还由哪些部分组成，各部分的作用分别是什么？请利用网络或图书资源，小组合作完善表 6-1-4。

表 6-1-4　现浇混凝土板式楼梯的组成及作用

构件名称	作用
梯板	
平台板	
梯梁	
梯柱	

小词典

在日常生活中常见的楼梯结构类型主要有板式和梁式。总的来说，楼梯可以拆分为梯板和平台板两部分，这些板往往需要梯梁和梯柱作为支撑。由于楼梯四周往往紧挨主体结构，所以有时候梯板和平台板也利用框架梁和框架柱作为支撑。

如图 6-1-1 所示楼梯，1 为梯板，9 为平台板，2、3、4、6、7、8 号构件为梯梁，5 号构件为梯柱。2 ~ 8 号构件都是为了支撑楼梯而增设的楼梯支撑构件。10 号与 11 号构件为框架柱和框架梁，它们在作为主体结构构件的同时也发挥着梯柱和梯梁的作用。

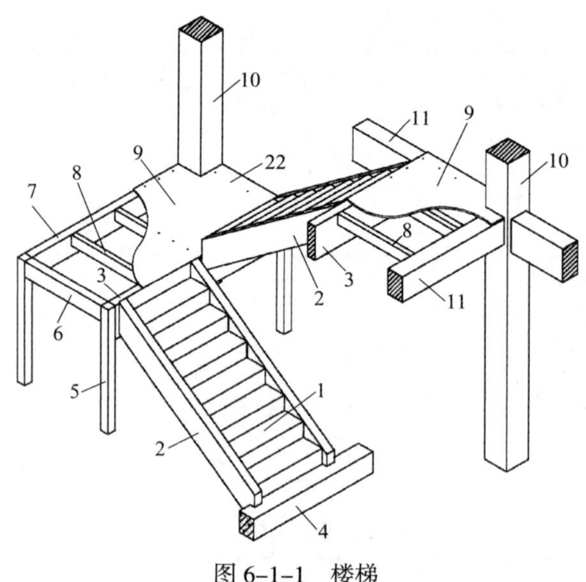

图 6–1–1　楼梯

本学习任务仅涉及楼梯模板制作与安装工作内容，不包括兼做楼梁梯柱或者梯板的主体结构构件支模。此部分支模内容另在柱、梁和楼板模板制作与安装中详述。

2. 对照 16G101–2 中现浇混凝土板式楼梯平面整体表示方法，分组合作识读领取到的楼梯结构施工图纸，将楼梯按楼层进行分析，并按标高从低到高将每层楼梯拆分为梯柱、梯梁、梯板、平台板等构件，最后完成表 6–1–5。

表 6–1–5　楼梯构件翻模信息统计表

位置	首层					
标高范围						
构件编号	数量	底标高	顶标高	长	宽	高

续表

位置	标准层					
标高范围						
构件编号	数量	底标高	顶标高	长	宽	高

位置	顶层					
标高范围						
构件编号	数量	底标高	顶标高	长	宽	高

小提示

一般建筑物在中间多数楼层布置均相同，这些相同楼层在进行设计图纸表达时往往采用多层共用图纸表达一次的方式以简化图纸，也就是说相同楼层用标准层来表示，在图纸中只要说明该标准层图纸适用哪些楼层即可。

在这里假设楼梯有底层、标准层及顶层 3 种不同布置情况，如果实际图纸有更多标准层情况，请自行增加相应楼层的统计表即可。

四、明确楼梯模板施工质量要求

查阅《混凝土结构工程施工规范》（GB 50666—2011）、《组合钢模板技术规范》（GB/T 50214—2013）、《建筑施工模板安全技术规范》（JGJ 162—2008）、《世界技能标准规范》（WSSS）等资料，在教师帮助下共同制定符合世界技能标准、国家及行业标准的施工质量标准，填写“楼梯模板制作与安装施工标准”（见表 6-1-6）。

表 6-1-6　楼梯模板制作与安装施工标准

项目			允许偏差
1	模板制作	平面尺寸	
		对角线长	
		预留孔槽位置	
		预留孔槽尺寸	
		板边平直度	
		板面平整度	
2	模板安装	轴线位移	
		垂直度	
		水平度	
		平整度	

续表

项目			允许偏差
2	模板安装	顶底标高	
		内部尺寸	
3	其他		

注：请在世赛指导教师帮助下，按世赛标准明确上述施工标准，如有需要补充的内容，请在空白行中自行添加。

小提示

模板安装过程中需要下部模板支撑结构提供支撑，模板的预拱和标高控制一般情况下需要下部模板支撑调节支持，常见的有可调支座或者直接调整扣件高度等形式，这些内容一般纳入架子工的工作范畴，故上述模板制作与安装施工标准中未涉及。为了保证模板安装正确，模板工可能需要检查复核下部支撑结构的工作成果，并与相关人员沟通后调整到位。

五、施工现场“7S”管理标准

“7S”管理是现代企业行之有效的现场管理理念和方法，它能提高工作效率，保证产品质量，使工作环境整洁有序，且以预防为主，保证安全。查阅相关资料，在表 6-1-7 中填写楼梯模板制作与安装“7S”管理工作范畴。

表 6-1-7　楼梯模板制作与安装“7S”管理工作范畴

内容	含义与目的	楼梯模板制作与安装工作范畴
整理 （SEIRI）	将工作场所的物品区分为有必要的物品和没有必要的物品，有必要的物品留下来，其他的都清除 腾出空间，空间活用，防止误用，创设整洁的工作场所	
整顿 （SEITON）	把留下来的必要物品整齐摆放在规定位置，并加以标识 工作场所一目了然，节约寻找物品的时间，创设整齐的工作环境，消除过多的积压物品	
清扫 （SEISO）	将工作场所内看得见与看不见的地方清扫干净，保持工作场所洁净 稳定品质，减少工业伤害	
清洁 （SEIKETSU）	将整理、整顿、清扫进行到底，并制度化，保持环境美观的状态 创设明朗现场，维持以上“3S”成果	
素养 （SHITSUKE）	每一位成员养成良好的习惯，并遵守规则，培养积极主动的精神（也称习惯性） 培养具有良好习惯、遵守规则的员工，培养团队精神	
安全 （SECURITY）	重视成员的安全教育，树立“安全第一”的观念，防患于未然 建立安全生产的环境，所有的工作应以安全为前提	
节约 （SAVING）	合理利用时间、空间、能源等，发挥它们的最大效能 创造高效率的、物尽其用的工作氛围	

评价与分析

根据各组成员在本活动学习过程中的表现填写“学习任务过程性考核记录表”（见附录）。

学习活动 2
制定楼梯模板制作与安装方案

学习目标

1. 能根据表 6-1-5“楼梯构件翻模信息统计表”完成首层楼梯翻模任务，根据构件名称为模板合理编号并绘制相应的模板加工图，其他楼层依此类推。

2. 能根据施工进度计划安排和翻模成果正确填写“楼梯模板制作与安装施工任务资源需求计划表”。

3. 能根据施工进度计划及工程量合理安排楼梯模板制作与安装施工任务劳动力需求计划。

4. 能复印整理相关资料，制作封面，编制“楼梯模板制作与安装方案书”。

建议学时

6 学时。

学习过程

一、实施楼梯构件翻模

各个学习小组根据表 6-1-2“楼梯模板制作与安装施工任务选料单”和表 6-1-5“楼梯构件翻模信息统计表”，以楼层为单位对构件进行翻模，填写表 6-2-1“首层楼梯构件翻模成果表”，并按照实际教学要求，采用相同表格列出其他标准层楼梯构件翻模成果表。

注意事项：

1. 施工现场提供的是标准尺寸的标准模板，小构件模板需要切割，大构件模板可能需要切割与拼合，在翻模中需要根据标准模板尺寸合理确定模板的切割和拼合方案，尽量减少模板损耗，提高模板的复用率。

2. 为了在模板安装过程中方便识别，同时在模板复用时便于确定模板使用部位，一般会对模板进行编号，编号中最好能体现楼层、构件及模板位置等信息。例如，可以采用“楼层号—构件号—模板位置—拼合号”的格式，即用“1-TB1-B-1”表示1层楼梯1号梯板的底模板中的1号拼合模板。同学们可以按照相同的格式写出顶模板和侧模板的编号，也可以制定满足使用要求的其他命名方式。

表 6-2-1 首层楼梯构件翻模成果表

<table>
<tr><td>构件编号</td><td colspan="5"></td></tr>
<tr><td>模板部位</td><td>模板编号</td><td>加工图（单位：mm）</td><td>数量</td><td>适用楼层</td><td>备注</td></tr>
<tr><td rowspan="4">底模板</td><td></td><td></td><td></td><td></td><td></td></tr>
<tr><td></td><td></td><td></td><td></td><td></td></tr>
<tr><td></td><td></td><td></td><td></td><td></td></tr>
<tr><td></td><td></td><td></td><td></td><td></td></tr>
<tr><td rowspan="4">侧模板</td><td></td><td></td><td></td><td></td><td></td></tr>
<tr><td></td><td></td><td></td><td></td><td></td></tr>
<tr><td></td><td></td><td></td><td></td><td></td></tr>
<tr><td></td><td></td><td></td><td></td><td></td></tr>
<tr><td rowspan="2">顶模板</td><td></td><td></td><td></td><td></td><td></td></tr>
<tr><td></td><td></td><td></td><td></td><td></td></tr>
<tr><td>构件编号</td><td colspan="5"></td></tr>
<tr><td>模板部位</td><td>模板编号</td><td>加工图（单位：mm）</td><td>数量</td><td>适用楼层</td><td>备注</td></tr>
<tr><td rowspan="4">底模板</td><td></td><td></td><td></td><td></td><td></td></tr>
<tr><td></td><td></td><td></td><td></td><td></td></tr>
<tr><td></td><td></td><td></td><td></td><td></td></tr>
<tr><td></td><td></td><td></td><td></td><td></td></tr>
</table>

续表

构件编号					
模板部位	模板编号	加工图（单位：mm）	数量	适用楼层	备注
侧模板					
顶模板					
构件编号					
模板部位	模板编号	加工图（单位：mm）	数量	适用楼层	备注
底模板					
侧模板					
顶模板					
构件编号					
模板部位	模板编号	加工图（单位：mm）	数量	适用楼层	备注
底模板					

续表

构件编号					
模板部位	模板编号	加工图（单位：mm）	数量	适用楼层	备注
侧模板					
顶模板					
构件编号					
模板部位	模板编号	加工图（单位：mm）	数量	适用楼层	备注
底模板					
侧模板					
顶模板					
构件编号					
模板部位	模板编号	加工图（单位：mm）	数量	适用楼层	备注
底模板					

续表

构件编号					
模板部位	模板编号	加工图（单位：mm）	数量	适用楼层	备注
侧模板					
顶模板					

构件编号					
模板部位	模板编号	加工图（单位：mm）	数量	适用楼层	备注
底模板					
侧模板					
顶模板					

构件编号					
模板部位	模板编号	加工图（单位：mm）	数量	适用楼层	备注
底模板					
侧模板					

续表

构件编号					
模板部位	模板编号	加工图（单位：mm）	数量	适用楼层	备注
顶模板					
构件编号					
模板部位	模板编号	加工图（单位：mm）	数量	适用楼层	备注
底模板					
侧模板					
顶模板					
构件编号					
模板部位	模板编号	加工图（单位：mm）	数量	适用楼层	备注
底模板					
侧模板					

续表

构件编号					
模板部位	模板编号	加工图（单位：mm）	数量	适用楼层	备注
顶模板					

构件编号					
模板部位	模板编号	加工图（单位：mm）	数量	适用楼层	备注
底模板					
侧模板					
顶模板					

小词典

楼梯翻模工作需要将楼梯拆分为不同构件进行分析，单个构件的模板按部位又可以分为底模板、侧模板和顶模板。需要注意，不是所有构件都有底模板、侧模板和顶模板，不是所有侧面都需要模板维护，一般构件没有顶模板，共同浇筑构件的相交面不需要模板维护。因此，楼梯的翻模工作需要结合混凝土施工工艺，同时考虑各楼梯构件的相互连接关系，综合分析确定每个构件各个面上所需的模板配置和预留孔洞等。为了更加直观地表现，可以借助 BIM 技术进行楼梯三维建模分析展示，以帮助准确实施翻模。

表 6-2-1 考虑了一层楼梯最多 10 种构件，每个构件底模板和侧模板最多 4

种，顶模板最多 2 种，如有余请留空，如不够请自行添加，其他楼层翻模只需修改此表表头即可。注意：周转复用构件无须重复进行翻模，标注下层周转复用即可，但是周转材料会在周转过程中有损耗，因此在材料准备上应考虑相应的周转损耗率。

二、制订进度计划

各组根据教师提供的项目总体施工进度计划，在表 6-2-2 中填写首层楼梯模板制作与安装的进度计划，其他楼层方法类似，本工作页中不再要求。

表 6-2-2　楼梯模板制作与安装进度计划

施工过程	日期																
模板制作																	
模板放样																	
模板安装																	
模板调整																	
模板检查																	
模板拆除																	

注：请在表中按实际情况填写日期，并用粗横线表示各施工过程的日期安排。

小词典

横道图通过活动列表和时间刻度表示特定项目的顺序与持续时间。横道图是一条线条图，横轴表示时间，纵轴表示项目，线条表示期间计划和实际完成情况。它直观表明计划何时进行，方便对进展与要求进行对比。横道图便于管理者弄清项目的剩余任务，评估工作进度。

三、制订资源需求计划

各组根据表 6-2-1 和表 6-2-2 填写表 6-2-3“楼梯模板制作与安装资源需求计划”。

表 6-2-3　楼梯模板制作与安装资源需求计划

资源名称	日期																

注：请在表中按实际情况填写日期，将所需资源名称依次罗列，并在对应日期格子中用数字表示需求量，若某资源在当日没有需求请留空。

小词典

资源需求计划表示在施工任务进行过程中每日所需要的施工资源。根据资源需求计划，施工人员能及时有序地调配相应的资源以满足施工要求。资源需求计划是施工方案中要确定的一项基本内容。

四、制订劳动力需求计划

各组根据表 6-2-1 和表 6-2-2 填写表 6-2-4“楼梯模板制作与安装劳动力需求计划”。

表 6-2-4　楼梯模板制作与安装劳动力需求计划

工种	日期																
模板工																	
架子工																	
钢筋工																	
其他																	

注：请在表中按实际情况填写日期，并在对应日期格子中用数字表示当日劳动力需求量，若某工种在当日没有需求请留空。

小词典

劳动力需求计划表示在施工任务进行过程中每日所需要的施工人员数量。根据劳动力需求计划，施工管理人员能及时有序地调配相应的劳动力以满足施工进度要求。劳动力需求计划也是施工方案中要确定的一项基本内容。

五、编制楼梯模板制作与安装方案书

各组将之前的工作成果资料复印汇总，设计计划书封面，最后装订成册，形成一份较完整的楼梯模板制作与安装方案书。

方案书需要装订的内容和顺序如下：

1. 计划书封面（请自行制作）。
2. 楼梯模板制作与安装施工任务内容与要求。
3. 楼梯模板制作与安装施工任务选料单。
4. 楼梯构件翻模信息统计表。
5. 楼梯模板制作与安装施工标准。
6. 楼梯模板制作与安装施工现场“7S”管理工作范畴。
7. 首层楼梯构件翻模成果表（模板下料依据，其他层如有也须加入）。
8. 楼梯模板制作与安装进度计划。
9. 楼梯模板制作与安装资源需求计划。

10. 楼梯模板制作与安装劳动力需求计划。

11. 附件——楼梯结构施工图。

12. 审定会签栏（见表 6-2-5）。

表 6-2-5　审定会签栏

审定会签栏
自查结果： 签名：　　　　年　　月　　日
班组复查意见： 签名：　　　　年　　月　　日
施工技术负责人审定意见： 签名：　　　　年　　月　　日
监理意见： 签名：　　　　年　　月　　日
备注：

小词典

需要制作的计划书封面和审定签字表可以用 Office 或 WPS 等文档办公软件制作完成，也可以在互联网下载适用的模板修改完成，以提高效率、降低难度。另外，楼梯结构施工图是后续进行模板安装、放样的依据。在楼梯模板制作与安装实施过程中，装订好的完整的楼梯模板制作与安装方案书将成为指导施工的重要文件依据。

评价与分析

根据各组成员在本活动学习过程中的表现填写“学习任务过程性考核记录表”（见附录）。

学习活动 3
审定楼梯模板制作与安装方案

学习目标

1. 能以小组为单位，自查、互查装订好的楼梯模板制作与安装方案书。
2. 能按规范流程提交楼梯模板制作与安装方案书进行审查。
3. 能根据审定意见修改完善楼梯模板制作与安装方案书并完成审定。

建议学时

4 学时。

学习过程

一、自查楼梯模板制作与安装方案书

各组对编制完成的楼梯模板制作与安装方案书进行自查，发现问题及时进行修改调整。

二、提交楼梯模板制作与安装方案书进行审定

由教师根据实际教学情况，指定若干学生担任班组组长、施工技术负责人和监理角色，按照如下流程提交审查计划书。

1. 施工人员将方案书提交班组组长进行复查，由班组组长给出修改意见。施工人员进行第一次修改。

2. 班组组长将经过第一次修改的方案书提交施工技术负责人进行审查，由施

工技术负责人给出审查意见，将意见记录在表 6-3-1“楼梯模板制作与安装方案书审查意见汇总表”中。

3. 施工技术负责人将方案书提交监理进行审查，由监理提出审查意见，将意见记录在表 6-3-1“楼梯模板制作与安装方案书审查意见汇总表”中。

4. 由施工人员根据表 6-3-1 中汇总的所有审查意见对方案书进行第二次修改完善。

5. 由施工人员提交修改好的方案书，自己签字确认后交由班组组长、施工技术负责人和监理在审定会签栏中签字确认，形成最终的楼梯模板制作与安装方案书。

表 6-3-1 楼梯模板制作与安装方案书审查意见汇总表

小提示

该方案书审查的重点包括：

（1）楼梯模板制作与安装施工任务基本内容与要求是否正确。

（2）楼梯模板制作与安装施工任务选料是否和施工现场实际情况相符。

（3）楼梯构件翻模信息统计是否正确、完整（须对照图纸）。

（4）楼梯模板制作与安装施工标准是否符合规范和世赛标准。

（5）楼梯模板制作与安装施工现场与“7S”管理工作范畴是否匹配。

（6）楼梯构件翻模成果是否正确（须对照图纸）。

（7）楼梯模板制作与安装进度计划是否合理，与施工总进度计划是否匹配。

（8）楼梯模板制作与安装资源需求计划是否合理、全面。

（9）楼梯模板制作与安装劳动力需求计划是否合理、全面。

评价与分析

根据各组成员在本活动学习过程中的表现填写“学习任务过程性考核记录表”（见附录）。

学习活动 4
实施楼梯模板制作与安装方案

学习目标

1. 能根据楼梯模板制作与安装方案书和施工现场实际环境，进行现场安全技术交底工作。

2. 能按施工进度计划、资源需求计划和劳动力需求计划开展施工准备工作。

3. 能正确使用安全防护及施工机具设备。

4. 能根据方案书中的施工标准和施工进度完成楼梯模板制作与安装工作。

5. 能与其他工种协同工作。

建议学时

12 学时。

学习过程

一、安全技术交底

根据楼梯模板制作与安装方案书和施工现场实际环境，进行现场安全技术交底工作，并形成“安全技术交底记录表”（见表 6-4-1）。

表 6-4-1　安全技术交底记录表

<table>
<tr><td colspan="2">安全技术交底记录</td><td>编号</td><td></td></tr>
<tr><td>工程名称</td><td></td><td>交底日期</td><td></td></tr>
<tr><td>施工班组</td><td></td><td>分项工程名称</td><td>模板工程</td></tr>
<tr><td>交底提要</td><td colspan="3">楼梯模板制作与安装</td></tr>
<tr><td colspan="4">交底内容：
1. 施工安全注意事项
（1）
（2）
（3）
（4）
（5）
（6）
（7）
（8）
2. 楼梯模板制作与安装方案书重点内容
（1）
（2）
（3）
（4）
（5）
（6）
（7）
（8）</td></tr>
</table>

审核人		交底人		接受交底人	

小词典

施工技术交底实为一种施工方法。建筑施工企业中的技术交底是指在某单位工程开工前或一个分项工程施工前，由相关专业技术人员向参与施工的人员进行的技术性交代。其目的是使施工人员对工程特点、技术质量要求、施工方法与措施、安全等方面有较详细的了解，以便科学地组织施工，避免技术质量等事故的发生。各项技术交底记录也是工程技术档案资料中不可缺少的部分。

施工中一般由施工技术负责人向各相关施工班组组长进行技术交底，施工班组组长负责做好本班的安全技术交底工作。

二、施工现场准备

1. 根据楼梯模板制作与安装方案书中的“楼梯模板制作与安装资源需求计划”（见表 6-2-3），到仓库领取当日所需的材料与工具，并填写“材料与工具领用清单”（见表 6-4-2）。

表 6-4-2　材料与工具领用清单

序号	材料或工具名称	单位	数量	备注
1				
2				
3				
4				
5				
6				
7				
8				
9				
10				
领用人：				年　月　日
归还人：				年　月　日

注：此表经领用人签字确认后留存仓库管理员处，待材料与工具归还时清点确认用。

2. 班组组长根据楼梯模板制作与安装方案书中的“楼梯模板制作与安装劳动力需求计划”（见表 6-2-4）安排现场施工人员，并填写“施工现场人员登记表”（见表 6-4-3）。

表 6-4-3　施工现场人员登记表

序号	姓名	性别	工种	备注
1				
2				
3				
4				

续表

序号	姓名	性别	工种	备注
5				
6				
7				
8				
9				
10				
负责人：				年　月　日

小提示

做好每日施工现场人员登记工作十分必要，这既是进行工时结算的重要依据，又是施工现场人员管理的重要前提。

3. 根据楼梯模板制作与安装方案书中的楼梯模板制作与安装施工现场“7S”管理工作范畴逐项核对确认，按“7S”管理标准完成施工现场的准备工作，并将结果填写至施工现场“7S”管理标准核查整改记录单（见表 6-4-4）中。

表 6-4-4　施工现场“7S”管理标准核查整改记录单

核查人：	年　月　日

三、楼梯模板制作

根据教学实际情况，完成首层楼梯模板的制作，模板尺寸和数量等严格按照“首层楼梯构件翻模成果表”（见表 6-2-1）中的数据执行，制作标准严格按照“楼梯模板制作与安装施工标准”（见表 6-1-6）中的相关要求进行，最后填写“楼梯模板制作日志”（见表 6-4-5）。

表 6-4-5　楼梯模板制作日志

制作人：　　　　　　　　　　　　　　　　年　　月　　日

小提示

模板制作过程中需要使用切割工具，请务必按工具使用说明和安全技术交底要求规范操作，做好劳动防护，制作完成的模板要注意堆放规范并做好成品保护。

四、楼梯模板安装

根据教学实际情况，完成首层楼梯模板的安装，模板定位及内部构件尺寸等严格按照方案书附件“楼梯结构施工图”确定，安装标准严格按照“楼梯模板制作与安装施工标准”（见表 6-1-6）中的相关要求执行，并填写“楼梯模板安装日志”（见表 6-4-6）。

表 6-4-6　楼梯模板安装日志

安装人：　　　　　　　　　　　　　　　　　　年　月　日

> 小提示
>
> 模板安装前要做好现场的放样工作，定位放样的准确性直接关系到模板安装的质量，因此需要安装人员根据楼梯结构施工图中的定位轴线和标高信息完成模板平面位置和垂直标高放样。
>
> 模板安装过程一般需要进行登高作业，请务必佩戴好安全帽等劳动防护用具，按登高作业相关规范操作，确保施工安全。
>
> 需要注意的是，楼梯模板安装并不是独立进行的，模板工程与脚手架工程和钢筋工程存在交错，安装过程需要与架子工和钢筋工相互配合作业，相关工序会在下一个学习任务过程控制中体现。
>
> 模板安装完毕后需要进行检查清理，按要求规范涂刷隔离剂，做好成品保护。

五、楼梯模板拆除

模板为临时支撑结构，待施工完成且混凝土强度符合要求时，须将模板拆除；从教学的角度来说，考虑到场地有限，安装完成的楼梯模板也需要及时拆除，清理场地，给后续教学创造条件。请在教师指导下根据表 6-1-7“楼梯模板制作与安装‘7S’管理工作范畴”完成现场清理工作，及时清理废料，整理收纳施工设备工具。

> 小提示
>
> 模板拆除时需要注意：
>
> （1）拆除前应由单位工程负责人进行拆除安全技术交底。
>
> （2）混凝土达到规定强度，经过技术主管确认后方可拆除。
>
> （3）模板的拆除工作应设专人指挥，作业区应设围栏，其内不得有其他工种作业，并应设专人负责监护。高处拆模时，应符合有关高处作业的规定。
>
> （4）拆模时不要用力过猛，拆下来的模板要及时运走、整理、堆放以再利用。
>
> （5）拆模程序一般应是后支的先拆，先支的后拆，先拆除非承重部分，后拆除承重部分。

评价与分析

根据各组成员在本活动学习过程中的表现填写“学习任务过程性考核记录表”（见附录）。

学习活动 5
楼梯模板制作与安装质量检查

学习目标

1. 能对应楼梯模板制作与安装中的各项施工标准，采用符合世赛评分标准的质量检验方法，对工作成果进行质量检查验收。

2. 能正确检查施工偏差，并分析原因，及时整改纠正。

3. 能与其他工种协同工作，配合完成所有施工任务。

建议学时

4 学时。

学习过程

一、确定质量检验方法

根据楼梯模板制作与安装方案书中制定的符合世赛标准的施工标准，以及世赛相关比赛项目考评办法，在世赛指导教师的指导下，确定各项施工标准项的检验方法，并填入表 6-5-1“楼梯模板制作与安装施工标准检验方法”中。

表 6-5-1　楼梯模板制作与安装施工标准检验方法

<table>
<tr><th colspan="3">项目</th><th>允许偏差</th><th>检验方法（世赛）</th></tr>
<tr><td rowspan="11">1</td><td rowspan="11">模板制作</td><td>平面尺寸</td><td></td><td></td></tr>
<tr><td>对角线长</td><td></td><td></td></tr>
<tr><td>预留孔槽位置</td><td></td><td></td></tr>
<tr><td>预留孔槽尺寸</td><td></td><td></td></tr>
<tr><td>板边平直度</td><td></td><td></td></tr>
<tr><td>板面平整度</td><td></td><td></td></tr>
<tr><td></td><td></td><td></td></tr>
<tr><td></td><td></td><td></td></tr>
<tr><td></td><td></td><td></td></tr>
<tr><td></td><td></td><td></td></tr>
<tr><td></td><td></td><td></td></tr>
<tr><td rowspan="11">2</td><td rowspan="11">模板安装</td><td>轴线位移</td><td></td><td></td></tr>
<tr><td>垂直度</td><td></td><td></td></tr>
<tr><td>水平度</td><td></td><td></td></tr>
<tr><td>平整度</td><td></td><td></td></tr>
<tr><td>顶底标高</td><td></td><td></td></tr>
<tr><td>内部尺寸</td><td></td><td></td></tr>
<tr><td></td><td></td><td></td></tr>
<tr><td></td><td></td><td></td></tr>
<tr><td></td><td></td><td></td></tr>
<tr><td></td><td></td><td></td></tr>
<tr><td></td><td></td><td></td></tr>
<tr><td rowspan="2">3</td><td rowspan="2">其他</td><td></td><td></td><td></td></tr>
<tr><td></td><td></td><td></td></tr>
</table>

二、楼梯模板支撑架检查

在楼梯模板安装前，根据楼梯结构施工图对现场提供的模板支撑架进行检查，填写表 6-5-2“楼梯模板支撑架检查记录”。对于需要调整的内容，应协同专业架子工进行必要的调整。

表 6-5-2　楼梯模板支撑架检查记录

工程名称		分项工程名称	
检查部位		检查人	
检查记录	负责人：　　　　年　　月　　日		

小提示

模板支撑架是模板下部的支撑结构，对模板整体结构安全起着决定性作用。因此，在模板工程验收中，模板支撑架相关内容要作为主控指标进行重点检查。

三、楼梯模板制作与安装质量控制

在楼梯模板制作过程中以单片模板为单位进行质量控制，对每块加工制作完成的模板采用世赛评分检验办法，依据方案书中对应的模板制作世赛标准进行检查验收，记录误差，分析原因，落实整改。

在楼梯模板安装过程中以楼梯构件为单位进行质量控制，对每个完成模板安装的楼梯构件采用世赛评分检验办法，依据方案书中对应的模板安装世赛标准进行检查验收，记录误差，分析原因，落实整改。

将上述所有检查结果不合格的项目、原因分析及整改情况填入表 6-5-3“楼梯模板制作与安装过程质量检查与整改记录表”中。

表 6-5-3　楼梯模板制作与安装过程质量检查与整改记录表

序号	工作内容	不合格项描述	不合格项原因分析	整改情况
1				
2				
3				
4				
5				
6				
7				
8				
9				
10				

责任人：

小提示

楼梯模板制作与安装质量控制是一个复制的过程，包含各种影响因素。全部模板安装完成后再进行整改调整非常困难，且局限性很大，因此需要施工人员及时进行成果检查，善于利用动态质量控制理论，这样有助于及时发现质量问题，有效保证最终施工质量。

四、楼梯钢筋检查

根据常规的混凝土楼梯施工流程，楼梯底模板和侧模板安装完成后由钢筋工进行楼梯钢筋的绑扎，楼梯钢筋绑扎工作完成验收后由模板工再安装梯段板上的踏步模板。

因此，楼梯模板在安装踏步模板过程中需要协同钢筋工，确认其绑扎完成后方可进行踏步模板的安装工作。

评价与分析

根据各组成员在本活动学习过程中的表现填写“学习任务过程性考核记录表”（见附录）。

学习活动 6
楼梯模板制作与安装总结

学习目标

1. 能归档楼梯模板制作与安装过程中的施工文档，编制成册，提交项目部报验工作成果。

2. 能虚心接受专家点评并记录重点内容。

3. 能正确规范地撰写工作总结。

建议学时

2 学时。

学习过程

一、整理施工文档，报验施工成果

按方案书要求完成楼梯模板制作与安装后，需要整理归档所有施工相关资料，并向项目部相关负责人报验施工成果，施工成果经验收合格后方可进行下一道工序。请以小组讨论的形式，利用网络资源完成以下任务。

1. 楼梯模板制作与安装过程中产生了哪些施工资料？这些资料是否需要留档保存？

____

____

____

2. 请将上述资料按合理顺序整理，并编制目录进行装订归档。

3. 向项目部相关负责人报验楼梯模板制作与安装施工成果，并提交归档的施工相关资料。

二、专家点评

由世赛教练或任课教师对各组的施工成果进行专业点评，各组成员要认真听取评价意见，并做好记录。

三、工作总结

回顾本学习任务的工作过程，对新学专业知识和技能进行归纳和整理，写一篇不少于 800 字的工作总结。

 评价与分析

按照客观、公正和公平的原则，在教师的指导下按自我评价、小组评价和教师评价三种方式对自己或他人在本学习任务中的表现进行综合评价。综合等级按 A（90 ~ 100）、B（75 ~ 89）、C（60 ~ 74）、D（0 ~ 59）四个级别进行填写。学习任务综合评价表见表 6-6-1。

表 6-6-1　学习任务综合评价表

考核项目	评价内容	配分	评价分数		
			自我评价	小组评价	教师评价
职业素养	劳动防护用品穿戴整齐，仪容仪表符合工作要求	5 分			
	安全意识、责任意识强	6 分			
	积极参加教学活动，按时完成各项学习任务	6 分			
	团队合作意识强，善于与人交流和沟通	6 分			
	自觉遵守劳动纪律，尊敬师长，团结同学	6 分			
	爱护公物，节约材料，现场符合“7S”管理标准	6 分			
专业能力	专业知识扎实，有较强的自学能力	10 分			
	操作积极，训练刻苦，具有一定的动手能力	15 分			
	技能操作规范，注重工艺安全，工作效率高	10 分			
工作成果	产品制作符合工艺规范，功能满足施工要求	20 分			
	工作总结符合要求，展示成果制作质量高	10 分			
总分		100 分			
总评	自我评价 ×20% + 小组评价 ×20% + 教师评价 ×60% =	综合等级		教师（签名）：	

附录

学习任务过程性考核记录表

班级：　　　　　　　　姓名：　　　　　　　　学号：　　　　　　　　日期：

<table>
<tr><th rowspan="2">序号</th><th rowspan="2">评价项目</th><th rowspan="2">评价标准（A、B、C、D）</th><th colspan="4">自我评价结果</th><th colspan="4">小组评价结果</th></tr>
<tr><th>A</th><th>B</th><th>C</th><th>D</th><th>A</th><th>B</th><th>C</th><th>D</th></tr>
<tr><td>1</td><td>预习准备情况</td><td>完成□　大部分完成□　大部分未完成□　未完成□</td><td></td><td></td><td></td><td></td><td></td><td></td><td></td><td></td></tr>
<tr><td>2</td><td>资料收集水平</td><td>高□　较高□　一般□　差□</td><td></td><td></td><td></td><td></td><td></td><td></td><td></td><td></td></tr>
<tr><td>3</td><td>与教师、同学沟通情况</td><td>好□　较好□　一般□　存在较大的问题□</td><td></td><td></td><td></td><td></td><td></td><td></td><td></td><td></td></tr>
<tr><td>4</td><td>与同学协作情况</td><td>好□　较好□　一般□　存在较大的问题□</td><td></td><td></td><td></td><td></td><td></td><td></td><td></td><td></td></tr>
<tr><td>5</td><td>工作主动性</td><td>好□　较好□　一般□　差□</td><td></td><td></td><td></td><td></td><td></td><td></td><td></td><td></td></tr>
<tr><td>6</td><td>工作态度</td><td>认真□　较认真□　不太认真□　非常不认真□</td><td></td><td></td><td></td><td></td><td></td><td></td><td></td><td></td></tr>
<tr><td>7</td><td>技术方法运用情况</td><td>好□　较好□　一般□　存在较大的问题□</td><td></td><td></td><td></td><td></td><td></td><td></td><td></td><td></td></tr>
<tr><td>8</td><td>任务完成情况</td><td>较快完成□　完成□　大部分完成□　大部分未完成□</td><td></td><td></td><td></td><td></td><td></td><td></td><td></td><td></td></tr>
<tr><td>9</td><td>“7S”管理标准执行情况</td><td>好□　较好□　一般□　存在较大的问题□</td><td></td><td></td><td></td><td></td><td></td><td></td><td></td><td></td></tr>
<tr><td>10</td><td>创新情况</td><td>好□　较好□　一般□　无□</td><td></td><td></td><td></td><td></td><td></td><td></td><td></td><td></td></tr>
<tr><td colspan="2">等级</td><td>A（7个以上A，无D）</td><td colspan="2">B（4个以上A，无D）</td><td>C（3个以内D）</td><td>D（6个以上D）</td><td>自评</td><td></td><td>小组评</td><td></td></tr>
<tr><td colspan="2">备注</td><td colspan="9">在对应的位置标上“√”，自评和小组评作为参考成绩</td></tr>
</table>